自然秘境大图鉴
鸟类王国

[意] 切萨雷·德拉皮耶塔 / 著
[越] 源希希 / 绘　申倩 / 译　王瑞卿 / 审

中国出版集团　现代出版社

目录

前言 6

鸟类：它们是谁，如何生活 8

12 地中海及其沿岸的鸟类

26 阿尔卑斯山的鸟类

38 北欧海湾的鸟类

46 北极苔原的鸟类

56 黄石国家公园和落基山脉的鸟类

68 哥斯达黎加云雾林的鸟类

80 巴西潘塔纳尔湿地的鸟类

92 撒哈拉沙漠的鸟类

100 肯尼亚和坦桑尼亚大草原的鸟类

112 克罗泽群岛的鸟类

120 喜马拉雅山脉的鸟类

130 中国台湾的鸟类

138 北海道的鸟类

146 新几内亚岛的鸟类

158 澳大利亚的鸟类

作者简介、生僻字注音 **166**

尺寸和图标

这些图标能帮助你更快捷地理解各种鸟类的体长。通过查看图标着色部分，就能理解相应的长度了。例如，小摩托车的一半被涂色时，就意味着这只鸟的体长是小摩托车的一半（约100厘米），而涂色三分之二的滑冰鞋则约等于20厘米长。

 30厘米   200厘米

前言

鸟类对人类一直充满吸引力。我们羡慕它们的飞行技巧,被其悠扬的歌声感动,欣赏其羽毛的绚丽色彩。现今地球上有约10000种不同的鸟类,分布于所有的环境中,从沙漠到南极冰川,从开阔的海洋到难以穿越的热带雨林,从沼泽到山峰,再到人类居住的城市,例如与我们密切接触的麻雀和燕子。从最大的鸵鸟(身高150厘米、体重150千克)到最小的蜂鸟(生活在古巴,体长5厘米、体重不超过2克),鸟类呈现出丰富多彩的外观和各种各样的习性以及行为特点。有些鸟类失去了飞行能力,例如企鹅、鸵鸟及鸵鸟在美洲和澳洲的近亲。还有些鸟

类一生中的大部分时间都在飞翔,就像那些在地球南北之间往返的大型信天翁和雨燕,信天翁只有繁殖期才会回到地面,而雨燕睡觉的时候也不会落地。许多鸟类在夏季结束时,会迁徙到气候更适宜的地方,行程达数万千米。还有些留鸟一年四季都生活在其领地上,即使寒冷的冬季也不会离开。

在一本书中讲述鸟类所有非同寻常的差异是不可能的。因此，我们挑选了15个不同的地理环境作为重点，从撒哈拉大沙漠到新几内亚茂盛的热带雨林，从欧洲的山脉到南美洲的沼泽地，书中有选择地展示了生活在这些地方的最典型的鸟类，同时介绍它们的外表和重要特征。

在介绍栖息地环境的不同之处，探索飞翔世界的奇妙多样性之前，先让我们更多地了解鸟类的共性和它们的基本特征吧！

鸟类：它们是谁，如何生活

前文提到过不同鸟类在体形大小和外貌上有着巨大的差异，但它们也有一些共性。鸟类最重要的特点就是它们的前肢演化成了翅膀，翅膀的演化程度有大有小，在一些不会飞的鸟类身上同样长有翅膀。另外，鸟类的身体都覆盖着羽毛，这是鸟类王国动物独有的特点。它们还都有被角质覆盖的喙，并且都没有牙齿。它们都通过卵生繁衍，也就是说，它们不像哺乳动物那样在体内孕育胎儿，而是在硬壳蛋中孵化雏鸟。

现在让我们试想移除覆盖在鸟类体表的羽毛和身体的肌肉，直接观看它们的骨骼。你们会立刻发现它们的骨骼非常轻，这是能够飞行的动物最本质的特点。为了降低身体重量，鸟类的部分骨骼是中空的，它们的胸骨非常发达，因为胸骨要与用于飞行的强壮肌肉

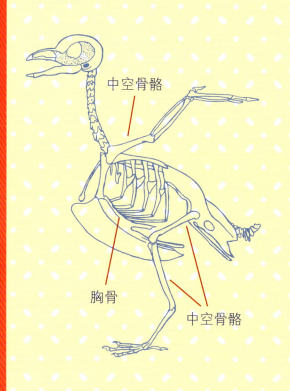

紧密贴合。总体来说，鸟类的骨骼跟哺乳动物的骨骼差异很大，却跟恐龙的骨骼有一定相似之处。事实上，鸟类也被认为是1亿年前出现在地球上的恐龙的后代。

刚刚我们讲了鸟类的身体覆盖着羽毛。在右图中，我们可以看到各部分羽毛的相应名称，学习并记住这些名称对接下来的阅读十分有帮助，我们在介绍不同种类的鸟时将会用到这些名称。鸟类羽毛有许多功能，首先翅膀上的强壮羽毛使得

鸟类能够飞翔，这种羽毛叫作飞羽。尾部羽毛则发挥了舵的作用，这种羽毛被称为尾羽。羽毛还能保持身体的温度，在水上生活的鸟类的羽毛可以防水。再者，羽毛还能起到沟通和交流的作用。在繁殖期，雄鸟经常会展示最鲜艳或形状最特别的羽毛，并用这种方式吸引雌鸟，向雌鸟展示其力量和强健的体魄，以此期待能被选中并成为它们未来孩子的父亲。

肉冠

喉囊

不光羽毛有沟通和交流的功能，一些雄鸟还会在繁殖期裸露出部分艳丽的皮肤或颈部的喉囊。

通常，雌鸟的羽毛更加暗淡朴素，这使它们留在鸟巢内哺育雏鸟时不那么显眼，但也有不少鸟类无论雄性还是雌性都同样艳丽。在某些情况下，雌鸟的羽毛甚至比雄鸟更为艳丽，雌鸟负责鼓舞打气，雄鸟则负责守护鸟巢并抚育雏鸟。

正如之前所述，雏鸟由蛋孵化而来，通常它们会在亲鸟筑的巢内破壳而出，不过也有在洞中或者地面上的蛋。有些鸟类的雏鸟刚孵化出来时并未长出羽毛，眼睛也尚未睁开，完全依赖父母的照料，这种雏鸟被称为晚成雏。也有一些雏鸟孵化时身上已经覆羽，眼睛也能睁开，并且能够跟随亲鸟外出活动数小时，这种雏鸟被称为早成雏。

鸟类分布区域广阔，它们利用各种资源获取食物，从食用种子到食用果实，从捕食动物到食腐，甚至食用垃圾。在漫长的进化过程中，它们发展出很多适应不同环境的特性和行为。通过观察鸟喙和脚爪的形状，我们可以了解到鸟类的生存特点和习性。强壮的鸟喙能够敲碎种子坚硬的外壳，灵活的鸟喙可以捕捉昆虫，锥形鸟喙便于在水中捕捉鱼类和青蛙，尖利的鸟喙可以把猎物撕碎，像凿子一样坚硬的鸟喙用于在树干上打洞，吸管状鸟喙能够轻松吸出花蕊中的花蜜。

吸管状鸟喙　　匕首状鸟喙

鸟类的腿部尤其是脚爪的形状能告诉我们很多关于其居住环境和生活方式的秘密。有些鸟的腿部极为强壮，有利于快速奔跑；有些鸟为了紧紧抓住树枝，脚爪上长了像登山鞋底那样的

能敲碎食物的鸟喙

凿子状鸟喙

食虫鸟喙　多彩的巨大鸟喙　袋状鸟喙　猛禽的喙　镊子状鸟喙

胡桃夹子状鸟喙

倒钩；有些鸟的脚趾之间有蹼，能帮助它们游泳；有些鸟长着长长的腿和脚爪，在沼泽中也能如履平地；有些鸟的脚爪上覆盖着羽毛，帮助它们在雪地里行走；还有些鸟长着细长的脚爪便于捕捉猎物。

在雪地上行走的脚爪　在沼泽地上行走的脚爪　可以游泳的脚爪　捕猎的脚爪　攀爬的脚爪　善于奔跑的脚爪

在本书中，每种鸟的插图旁边都有一段简介，以及这种鸟的中文名称、学名、体长和体重。动物的学名由两个单词组成：前面的单词表示其种类，后面的单词表示其特性。学名都用拉丁文写成，这是过去西方科学家们共同使用的语言，就像现在很多人都使用英语一样。学名非常重要，因为它精确地区分和归类了每个物种。每个国家都有自己的语言，同一物种在不同语言中的名字不尽相同，但学名是通用的。现在就让我们开始鸟类奇妙世界的发现之旅吧！

地中海及其沿岸的鸟类

欧洲

地中海是一个近乎封闭的海洋，仅仅通过两个海峡连接其他海洋，这两个海峡分别是：连接大西洋的直布罗陀海峡，以及通过红海连接印度洋的苏伊士运河。地中海沿岸分布着密密麻麻的城市和大大小小的港口，海滨浴场每到夏天就会挤满前来度假的游客。尽管如此，大自然仍然提供了如马赛克一般多样的环境和如画的风景——海边矗立的悬崖、狭长的美丽沙滩、长满了灌木的丘陵、沿海松林和潟湖。

生活在这些环境中的鸟类众多。其中一些种类数量庞大且分布广泛。鸥类便是其中的代表（上图为黄脚银鸥），它们随时准备在人类丢弃的垃圾中寻找食物。而另一些种类数量却日渐减少、濒临灭绝，例如生活在连绵山脉中的大型鸟类——白腹隼雕，或是长着红色面孔和细长腿的鹮，它们的种群数量稀少。每种环境都会有其特别的客人。在广阔的海面上，人们可以欣赏大大小小的鹱科鸟类。在潟湖可以看到红色羽毛的大红鹳，或者是长着大长腿的黑翅长脚鹬。在岛屿和布满岩石的岛礁上可以看到艾氏隼，它们会在夏末抚养雏鸟，因为此时很容易在海面上捕获落水的候鸟。整个地中海沿岸都分布着体形小但动作敏捷的燕雀，它们会在茂密的灌木丛中歌唱。沙丘里的蜂虎五彩斑斓，它们会在空中捕捉蜜蜂和黄蜂。在沿海松林里，人们能观察到头上顶着巨大橙色羽冠的戴胜或绿啄木鸟，它们的叫声像是咯咯的笑声。

1. 高山雨燕（*Tachymarptis melba*）

这种雨燕的羽毛呈褐色和白色，它们既生活在山区也在沿海出没，海边的高山雨燕会在岩石上的小洞里筑巢。与所有其他雨燕相同，高山雨燕长着长而窄的镰刀状翅膀，尾部短，脚爪极短，4根脚趾朝向前方。它们在空中度过一天中的大部分时光，用铲子般的鸟喙捕捉蚊子、蠓和被风吹来的小蜘蛛。它们会在夏末离开地中海飞往非洲。

体长：20～23厘米　体重：76～125克

> 羽毛为褐色，腹部为白色，喙部短而宽。

> 上喙弯曲，尖端为黑色；眼睛为浅黄色（雌鸟为橙黄色）；跗跖为黄色；趾甲长而尖，呈黑色。

2. 白腹隼雕（*Aquila fasciata*）

白腹隼雕是中型鹰，翼展超过150厘米，飞行时动作敏捷有力。生活在地中海山区的岩石上，数量稀少。头部羽毛呈深棕色，背部零星分布着近似三角形的白色羽毛，腹部为白色，腿部覆盖着羽毛。飞羽和尾羽呈浅灰色，带黑边。雌雄个体外貌相同，雌性略大于雄性。白腹隼雕是猛禽，主要猎食森林中的野兔、鹧鸪和鸽子，但也会袭击其他鸟类，最大可以捕食苍鹭一般大的猎物。

体长：55～75厘米　体重：1400～2400克

3. 渡鸦（*Corvus corax*）

渡鸦是另一种广泛分布在山区和沿海礁石区的鸟类。这种鸟通体乌黑，羽毛有金属光泽，身体大而强壮，喙和跗跖也呈黑色。尾羽呈楔形，翅膀又长又宽，翼展接近150厘米，飞行时力量强劲且花样繁多。杂食性，吃垃圾、动物尸体、大型昆虫、小鸟和小型哺乳动物。雄性和雌性形态相同，夫妻一生都生活在一起。

体长：52～64厘米

体重：900～1560克

> 喙部坚硬、呈黑色，鼻孔覆盖羽毛。颏和喉部的羽毛呈管状，看起来像是特殊的胡子。

4. 艾氏隼（*Falco eleonorae*）

艾氏隼是一种身形苗条的隼，身体和尾部修长。羽毛具有两种色型：一种上体羽毛颜色浅灰，下体羽毛有横纹且颜色偏红；另一种羽毛整体呈灰黑色。艾氏隼在沿海的岩壁上筑巢，或是安家在无人居住的小岛上，夏末开始抚养雏鸟，并在海面上捕捉迁徙的候鸟，数只艾氏隼会在捕猎时协同合作。在一年的其他时候，它们主要捕捉空中的大型昆虫。艾氏隼会在冬季飞往马达加斯加越冬。

体长： 35～44厘米　　**体重：** 300～460克

> 喙的尖端为黑色，颏和喉部为白色，跗跖为黄色（雄鸟）或偏蓝色（雌鸟），眼圈为黄色。

5. 隐鹮（*Geronticus eremita*）

隐鹮的外形非常特别。通体黑色，翅膀和背部的羽毛带有绿紫色金属光泽，喙和脚爪呈红色。枕部的羽毛长而笔直，一簇簇披散着好似脖圈，这部分羽毛还可以立起来。隐鹮曾经一度遍布整个地中海地区，但如今却近乎灭绝，只在摩洛哥的部分地区还能找到它们的足迹。为了拯救这个物种，人们启动了人工繁殖和放生计划，将繁殖基地里的隐鹮放归自然。

体长： 70～80厘米　　**体重：** 1350～1550克

> 喙长且略微弯曲，呈红色，头部和面部的红色皮肤裸露在外，颈部有长羽毛。

6. 蓝矶鸫（*Monticola solitarius*）

蓝矶鸫略小于乌鸫，且身形婀娜。雄鸟羽毛呈蓝灰色，头部偏蓝色，翅膀和尾部偏蓝黑色。雌鸟羽毛呈棕灰色，身体上部颜色逐渐变深，腹部颜色浅并有黑色波点。蓝矶鸫生活在岩壁上或高塔、城堡的墙壁上，并将巢筑在岩石缝中或石墙上的洞内。它们以昆虫、蜘蛛、蚯蚓、软体动物和小型爬行动物为食，夏季和秋季也会进食水果和浆果。这种鸟的叫声清脆悦耳，无论在地上还是在空中都时常鸣叫。

体长： 20～21厘米　　**体重：** 47～63克

> 灰黑色的喙又直又尖，眼睛呈深灰色。

喙呈浅黄色、尖端偏黑，鼻孔为管状，脚爪为粉红色或浅黄色。

7. 斯氏鹱（*Calonectris diomedea*）

斯氏鹱是体形敦实、翅膀较长的鸟类，生活在海面上，随着海浪漂来漂去，飞行时会快速变换方向以寻找鱼类和头足类动物。它们会跟随渔船捡拾漏网之鱼，还能潜入10～15米深的海水里捕获猎物。背部覆盖灰白色羽毛，腹部至喉部都是白色羽毛。只有在筑巢时才会来到海边的岩石、荒滩或岛礁上，为了避免在白天被鸥一类的捕猎者发现其巢穴，成年斯氏鹱只在夜晚回来喂养雏鸟。斯氏鹱会在夜间发出音调很高的叫声，听起来像是婴儿的啼哭声。

体长：44～49厘米　**体重**：544～738克

8. 黑头鸥
（*Ichthyaetus melanocephalus*）

黑头鸥是中型鸥类，它们因繁殖期头部黑亮的羽毛像戴着一顶黑帽子而著称，眼睛被白色羽毛形成的两条月牙纹包围，显得目光炯炯。在潟湖岸边、盐滩和湖岸筑巢，鸟巢由草、干海草和一些羽毛压在一起构成。它们以昆虫、蠕虫、鱼类和垃圾为食。冬季暴风雨频繁的时候，它们会待在靠近海滩的地方。

体长：37～40厘米　**体重**：220～380克

喙为黄色、尖端有红色斑点，眼睛为黄色，眼圈为红色，脚爪为亮黄色，趾间带蹼。

头部呈黑色，眼周内圈为红色、外圈为白色，喙和脚爪皆为珊瑚红色。

9. 黄脚银鸥（*Larus michahellis*）

黄脚银鸥是强壮的大型鸥类，背部和翅膀呈灰色，身体其他部分的羽毛为白色。尾部为黑色，末端为白色。它们广泛分布于海岸和港口，也会深入内陆，在河流、湖泊、乡村乃至城市出没，经常在内陆筑巢。黄脚银鸥是厉害的机会主义者，它们会利用一切机会获取食物：在垃圾填埋场寻找垃圾，闯入其他鸟类的巢并吃掉鸟蛋和雏鸟，跟随渔船和船只捡拾废弃物，捕捉田间的昆虫和小型爬行动物，吃海滩上或道路旁死去的动物尸体。

体长：52～68厘米　　**体重**：550～1600克

10. 地中海鹱（*Puffinus yelkouan*）

地中海鹱是中型鸟类，翅膀较长。它们生命的大部分时光都在海面上度过，捕食鱼类、软体动物和甲壳动物，能够潜入30米深的海水里捕食。它们只有筑巢时才会上岸，并将巢筑在岛上的岩石滩、岛礁、洞穴或是巨石的缝隙中。跟其他鹱科鸟类一样，地中海鹱的管状鼻孔内也长有能够排出体内多余的盐分的腺体。

体长：30～38厘米　　**体重**：330～480克

喙较薄、呈钩状、黑色；鼻孔为管状；脚爪呈灰色，趾间带蹼。

11. 地中海鸥（*Ichthyaetus audouinii*）

这种中型鸥类只分布在地中海和非洲北部海岸，特别是岩石海滩和小岛上。跟大部分鸥类不同，地中海鸥并不深入内陆或潜入大海，而总是待在靠近海岸的地方，主要捕食海洋鱼类，特别是沙丁鱼和凤尾鱼。羽毛为白色，背部和翅膀表面的羽毛为浅灰色，尾部为黑色。它们的特别之处在于喙，整体呈深红色，尖端呈黑色，而在弯钩处又有一些浅黄色。

体长：48～52厘米　　**体重**：451～770克

喙为深红色，尖端由黑色渐变为黄色。眼睛为黑色，眼睑边缘为红色，跗跖和脚爪为深灰色。

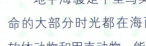

12. 大红鹳（*Phoenicopterus roseus*）

　　大红鹳是一种令人难忘的鸟，无论是体形、粉红色的羽毛，还是修长的腿和脖子都令人印象深刻。大红鹳经常在较浅的潟湖、盐滩出没，并在此筑巢，每个栖息地都能见到成千上万对大红鹳。它们觅食的方式十分特别：将头浸入水中缓慢行走，用大嘴兜住水和污泥，然后用像泵一样的舌头将水排出并留下浮游生物、软体动物和藻类，喙边缘的锯齿起到过滤器的作用。大红鹳飞行时腿部和脖子完全伸展成"一"字，翅膀平展，翅膀内侧羽毛为红色、外侧为黑色。

体长： 120～145厘米　　**体重：** 2100～4100克

喙呈黑色，细长且向上翘；眼睛为黑色；腿为浅蓝色。

13. 反嘴鹬（*Recurvirostra avosetta*）

　　反嘴鹬体态纤细优雅，羽毛黑白相间：从头部至枕部，再到背部、肩部、翼尖和尾部皆为黑色，其他的羽毛则为白色。反嘴鹬的喙形状特别，细长而向上翘，用于捕捉水生昆虫和甲壳类动物，它们用喙"扫荡"水面或淤泥表面的动作让人不禁想到镰刀。雄鸟和雌鸟的外观基本相同，区别是雄鸟头部的羽毛略光亮，喙更长但弯曲度略小。反嘴鹬经常在水深较浅的潟湖和盐碱地出没，冬季也会在退潮后的河口和泥滩觅食。

体长： 42～45厘米　　**体重：** 260～290克

> 喙部大而弯曲，前端为黑色、中间为红色；眼睛为黄色，眼圈为玫红色。

14. 黑翅长脚鹬（*Himantopus himantopus*）

黑翅长脚鹬是中型涉禽，其样貌独特，羽毛为黑白色，红色的腿又细又长，走起路来像是踩高跷。雄鸟背部羽毛黑亮，而雌鸟背部羽毛呈暗灰色。它们的翅膀通常为黑色，头顶和脖子上有黑色的斑点，雄鸟的斑点比雌鸟大。主要捕食水生昆虫、小型软体动物和蠕虫。黑翅长脚鹬栖息在沼泽地、潟湖、稻田和盐沼里，冬季会迁徙到撒哈拉以南的非洲过冬。

体长：34～38厘米　体重：160～200克

> 黑色的喙细长而笔直，眼睛为红色，腿很长、呈红色。

15. 翘鼻麻鸭（*Tadorna tadorna*）

翘鼻麻鸭是大型鸭科动物，体形介于鸭和鹅之间，羽毛漂亮，主要为白色和黑色。它们生活在沿海沼泽和咸水潟湖中，在地上洞穴内筑巢，这些洞穴多为狐狸遗弃的旧巢穴，意大利语中就将翘鼻麻鸭称为"狐狸鸭"。雄鸟通常比较大，其嘴上方突起的红色皮质瘤在繁殖期会格外鲜艳。它们以水蜗牛、甲壳类动物和蠕虫为食。

体长：58～67厘米

体重：雄鸟830～1500克，雌鸟600～1250克

> 头部和颈部覆盖带有金属光泽的绿黑色羽毛，面部呈肉桂红色。

16. 戴胜（*Upupa epops*）

  艳丽的羽毛以及警戒或兴奋时立起来的大大的羽冠，这些特点使得戴胜成为别具一格的鸟。羽毛呈麂皮色，橙色羽冠的顶端为黑色，翅膀和尾部皆为黑色，并带有宽大的白色条纹。喙部细长，略呈拱形，便于在土壤中寻找蠕虫、蚯蚓和昆虫幼虫。戴胜喜欢温暖的气候和干旱地区，秋天会迁徙到非洲，春天再返回欧洲。它们大部分时间生活在陆地上，并在裸露的地面和矮草丛中寻找食物，在树洞、墙洞或石堆上筑巢。

体长：28～30厘米　**体重**：60～85克

17. 黄喉蜂虎（*Merops apiaster*）

蜂虎是长着多彩羽毛的鸟类，很多种类分布在非洲和亚洲。黄喉蜂虎是唯一分布在欧洲的蜂虎，它们的羽毛同样五彩缤纷：头部、背部和翅膀呈栗色，肩部和喉部为黄色，腹部、初级覆羽和尾羽为蓝绿色，中央尾羽又长又尖。黄喉蜂虎专门捕食大型飞虫，包括蜜蜂和黄蜂。它们栖息在陡坡、悬崖和峭壁上，巢呈长长的隧道状。夏末迁徙至非洲。

体长： 25～29厘米 **体重：** 45～70克

羽毛缤纷多彩；喙部细而尖，微微向下弯曲；眼睛为红色。

18. 黑头林莺（*Sylvia melanocephala*）

黑头林莺是地中海地区常见的小型鸟类，经常在茂密的灌木丛中出没。它们非常不安分，总是飞来飞去，会短暂地出现在人类的视野中，但很快又飞回到浓密的树丛里了。雄鸟的特点鲜明，头部为黑色，眼睛和眼圈为红色，身体的其他部分为灰色，背部的颜色更深一些。雌鸟的头部为灰色而非黑色，背部为浅灰色，腹部为麂皮色，眼圈的红色也更浅一些。

体长： 13.5厘米 **体重：** 7.5～15克

雄鸟：头部为黑色，眼睛和眼圈为红色，喉部为白色。

头部为灰色，眼睛为红棕色，眼圈为红色，腹部为紫红色。

19. 波纹林莺（Sylvia undata）

波纹林莺是地中海地区典型的鸟类，它们在浓密的灌木丛中筑巢，极少暴露在人类面前。唯一可能观察到它们的时间是繁殖期，此时雄鸟会在灌木丛中歌唱。这种鸟尾部很长，背部和翅膀都覆盖着咖啡色羽毛，头部和尾部呈灰色，腹部为紫红色。喉部分布着白色斑点，头顶的羽毛可以立起来形成一个矮矮的羽冠。眼睛为红棕色，眼圈为红色。雌鸟背部的咖啡色羽毛更暗一些，腹部的紫红色也更浅。

体长：12.5厘米　体重：6.5～11.5克

20. 绿啄木鸟（Picus viridis）

绿啄木鸟的大小跟鸽子差不多，但比鸽子苗条。其背部羽毛为绿色，尾上覆羽为黄色、内羽片为灰褐色，初级飞羽和尾羽有黑白条纹。头部的色彩丰富：头顶为红色，眼睛为白色，眼圈为黑色，雌鸟有黑色胡须，而雄鸟的黑色胡须当中带有红色（这是分辨性别的主要依据）。绿啄木鸟飞行时忽高忽低，它们的叫声响亮，好似笑声。主要捕食昆虫，能将又长又黏的舌头伸进蚁丘的细长通道内，然后把蚂蚁粘出来。

体长：30～34厘米　体重：160～200克

> 身体为绿色和黄色，头顶为红色，眼睛为白色，灰色的喙十分坚硬，呈凿形。

> 喙短而薄，眼睛为深褐色，脚爪为棕褐色。

21. 新疆歌鸲（Luscinia megarhynchos）

新疆歌鸲是跟麻雀差不多大的鸟类，不显眼且极少露面，因为会在春天的夜里唱出婉转而悠扬的歌声闻名。身体上部的羽毛呈棕黄色，下部呈灰褐色。翅膀颜色较暗，绣红色的尾部时常抬起。它们生活在树篱和茂密的灌木丛中，并将植物的茎、草、枯叶和小树枝铺在地面上筑成巢，有时也会在矮树丛下面的枝杈之间筑巢。每年九月，它们都会离开欧洲迁徙去非洲。

体长：16～17厘米　体重：21～32克

眼睛大、呈黄色，喙短且呈钩状，跗跖上覆盖羽毛。脚爪有四趾，两趾向前、两趾向后。

22 20厘米

22. 西红角鸮 (*Otus scops*)

　　西红角鸮是欧洲最小的夜行猛禽。雌雄外观相似，雌鸟略大。有两种色型：一种偏灰，另一种偏红，两种色型都带保护色——羽毛上布满密集的条纹和灰白色的斑点。西红角鸮白天矗立在树枝上，闭着眼睛一动不动，仿佛是一截枯树枝。到了夜间它们便活跃起来，捕食大型昆虫、蚯蚓和小型哺乳动物。每到繁殖期，西红角鸮就会整夜整夜地发出高亢而忧郁的叫声，以此来宣告领地，它们的叫声在 500 米以外都能听到。

体长：19～20厘米　　**体重**：80～120克

阿尔卑斯山的鸟类

阿尔卑斯山是欧洲最主要的山脉，连绵1200多千米，最宽处超过300千米，有82座海拔超过4000米的山峰，最高峰勃朗峰高达到4810米。随着海拔的变化，产生了一系列不同的生态环境，从阔叶林到冷杉、松树、落叶松组成的针叶林，再到林线上方的高山草甸，然后到岩石、峭壁，最后抵达终年积雪的山顶。山间的村庄和小屋的石头外墙为鸟类提供了绝佳的筑巢场所，流经山谷的河流、溪流沿岸也是鸟类安家之地。这种多样的环境为许多不同种类的鸟提供了丰富的资源，但季节的变化也会带来显著的环境变化。海拔越高，气候条件越恶劣，随着冬季来临，鸟类越来越难以找到足够的食物。一些鸟只能迁徙至低海拔的山区，在那里它们仍然能够找到昆虫、种子和果实。更多的鸟则会迁徙到温暖的地中海沿岸，或是撒哈拉以南的非洲。

只有少部分鸟类留在高海拔森林，甚至栖身于被大雪覆盖的岩石缝中过冬。为了适应阿尔卑斯山严酷的冬天，这些鸟必须进化出特别的适应力。西方松鸡以松针、冷杉和露在积雪上面的灌木叶子为食，岩雷鸟用一身白羽取代夏天灰褐色的羽毛以逃避金雕（如右图）的捕捉。事实上，猛禽在冬季仍然会坚守自己的山地王国，捕捉西方松鸡和野兔，并在山坡上觅食死于疾病、年老或雪崩的动物尸体。当动物尸体被分食后，以骨头为食的胡兀鹫就会赶来饱餐一顿。

欧洲

1. 胡兀鹫（*Gypaetus barbatus*）

欧洲最大的鹫类，翅膀长而窄，翼展可达 275 厘米。身体上部的羽毛呈浅灰色，头部和身体下部呈白色，由于经常在红泥中洗澡，白色羽毛会慢慢变成奶油色或锈红色。以腐尸上其他动物无法消化的部分为食，特别是骨头，若骨头太大，它们会将骨头从高空抛向岩石摔碎。野生胡兀鹫于20世纪在阿尔卑斯山消失，被人工繁育后重新引入，如今可以在阿尔卑斯山观察到数对胡兀鹫。它们会在岩洞或悬崖缝隙中用细树枝筑成巨大的巢。

体长：105 ~ 125 厘米

体重：4500 ~ 7000 克

> 喙大而弯曲，眼睛微黄，带红色眼纹，喙两侧有黑色"胡须"。

2. 岩雷鸟（*Lagopus muta*）

岩雷鸟生活在多岩石、少砾石的高山草甸中，冬季在阿尔卑斯山脉越冬。它们的鼻孔、跗跖和脚趾上都覆盖着羽毛以抵御寒冷，它们依靠更换不同颜色的羽毛更好地融入周围的环境中，从而逃避掠食者的捕杀。岩雷鸟的羽毛夏季为灰棕色，带黑白斑点，能与岩石融为一体，而到了冬季大雪纷飞时，则会替换成一身雪白的羽毛（只有尾羽尖端是黑色）。在季节交替时，它们的羽毛会变得很凌乱，因为更换新羽毛并非一日之功，需要慢慢来。

体长：32 ~ 41 厘米　体重：400 ~ 600 克

> 冬季通体雪白，只有尾羽末端呈黑色，雄鸟的眼纹为黑色，红色眉纹会变得不明显。

> 夏季羽毛呈灰棕色，尾羽为黑色，翅膀、腹部和脚爪上的羽毛为白色，眼睛上方有红色眉纹。

3. 黄嘴山鸦（*Pyrrhocorax graculus*）

黄嘴山鸦是山鸦家族中的一员，该家族成员都栖息在山崖上。它们拥有一身黑色羽毛，红色跗跖和黄色喙十分显眼。它们飞行敏捷，经常成群结队出没，觅食时通过叫声彼此联系。它们是杂食鸟类，喜食昆虫、蜘蛛和其他无脊椎动物，也吃种子、垃圾和死去动物的腐尸，还经常在山间小屋周围，或者徒步者常去的步道附近觅食剩菜剩饭。

体长: 36～39厘米　**体重:** 165～255克

> 羽毛黑亮，跗跖呈红色，喙短而细、呈亮黄色。

4. 金雕（*Aquila chrysaetos*）

金雕是欧洲山脉中最大的捕猎者，拥有超强的飞行能力。雌雄体形相似，雌鸟较大，翼展超过200厘米。捕食土拨鼠、野兔，以及岩雷鸟和欧石鸡等大型鸟类，还会袭击较大的动物，例如狐狸、年幼的羚羊或北山羊。当冬季食物匮乏时，它们也会以动物尸体为食。金雕夫妻一生都生活在一起，它们会使用数个巢穴，通常在陡峭的岩壁上筑巢。其主要狩猎区为阿尔卑斯山的草地。金雕夫妻一般一次只抚养一只幼鸟，幼鸟随亲鸟生活至来年春天，其间它要学习各种难度的狩猎技巧。

体长: 75～88厘米　**体重:** 雄鸟3000～4000克，雌鸟6000～7000克

> 弯曲的喙强而有力，羽毛呈棕色，颈肩上覆盖渐变的金色羽毛。

5. 红翅旋壁雀（*Tichodroma muraria*）

红翅旋壁雀虽然不属于啄木鸟家族，但和啄木鸟一样都是非凡的攀缘者，只不过它们是在垂直的岩壁上"行走"，而非攀附在树干上。红翅旋壁雀的羽毛非常醒目，基本为灰色，翅膀展开时会呈现出绚丽多彩的羽色，红黑色的初级飞羽上分布着白色圆斑，翼上覆羽则呈红色，仿佛一只飞翔在岩石之上的巨大蝴蝶。细长的喙是从岩缝中捕捉蜘蛛和小型昆虫的理想工具。雌雄体形相似，雄鸟的颔和喉部会在春夏季时变黑，而雌鸟则保持灰色。

体长： 16～17厘米

体重： 15～22克

雌鸟：羽毛为迷彩色，喙为棕色，红色肉冠较雄鸟小很多。

雄鸟：喙为浅黄色，眼睛上方有红色肉冠；灰色羽毛从跗跖一直覆盖到脚爪。

6. 西方松鸡（*Tetrao urogallus*）

西方松鸡生活在灌木繁茂的山林中。雄鸟比雌鸟大得多，黑灰色的羽毛上泛着蓝绿色光泽，翅膀为棕色。雌鸟的羽毛呈迷彩色，整体为灰褐色且带有黑白色斑点，胸部为棕色。雄鸟春季时会聚在一起，张开扇形尾部、向上伸展颈部，并发出一连串刺耳的叫声，以此来吸引雌鸟。雌鸟会在交配后独立产卵、育雏（每窝孵化3～12只雏鸟），并教导雏鸟觅食。西方松鸡冬季仍留在山林中，主要以松针和树叶为食。

体长： 雄鸟86～98厘米，雌鸟56～65厘米
体重： 雄鸟3300～4500克，雌鸟1400～2200克

前额为玫红色,胸部为粉红色,颌下方的羽毛呈黑色围兜状。喙呈圆锥形,整体为黄色,但喙峰呈灰色。

7. 白腰朱顶雀（*Acanthis flammea*）

白腰朱顶雀是栖息在阿尔卑斯山稀疏针叶林里的燕雀科鸟类。身体上部为灰褐色条纹羽毛,下部则为或深或浅的灰白色带棕色条纹的羽毛。翅膀颜色较深,上面有两条颜色较浅的纹带,深色的尾羽左右叉开。前额为玫红色,颌下方的羽毛呈黑色围兜状。雄鸟前额更红,胸部羽毛呈深红色或粉红色。除繁殖期以外,它们都会成群结队地活动,不断地寻找食物,还会发出有金属感的鸣叫声。

体长: 12厘米　**体重:** 10～17克

8. 凤头山雀（*Lophophanes cristatus*）

凤头山雀是小型鸟类,主要分布在针叶林。上体羽毛为棕色,下体为发白的栗色。头部黑白相间,头顶有一个三角形的灰色羽冠,羽冠边缘嵌满白色斑纹,颌呈黑色,颈侧的黑色条纹形成半领环状。生性活泼好动,会发出颤音般的鸣叫。主要以昆虫为食,冬季以针叶树的种子为食。很乐意从喂食者手中获取食物。它们会挖空树干或腐烂的树墩,然后在树洞中筑巢。

体长: 11.5～12.5厘米　**体重:** 9～13克

三角形羽冠,细小的黑色喙,颈纹为黑色,颌为黑色,脚爪为灰蓝色。

雄鸟:头大,喙阔,上下喙弯曲并侧交,羽毛为砖红色。

雌鸟:羽毛为灰橄榄色,尾下覆羽的颜色偏黄。

9. 红交嘴雀（*Loxia curvirostra*）

红交嘴雀是生活在针叶林中的小型鸟类,其喙部非常有特点,尖端交叉,便于取食松果里的种子。我们可以通过羽色轻松分辨雄鸟和雌鸟。雄鸟的头部、下体和尾部呈砖红色,而雌鸟则是灰橄榄色,尾下覆羽偏黄色。雌雄鸟的翅膀和尾羽皆为灰褐色,长尾羽末端形成凹形,像穿着燕尾服。

体长: 16～17厘米　**体重:** 33～53克

雄鸟：羽毛为黑色，羽冠为鲜红色，喙部较、呈象牙色，眼睛为浅黄色。

⑩ 🛼
50厘米

雌鸟：红色羽冠仅延伸到头的后部。

10. 黑啄木鸟（*Dryocopus martius*）

黑啄木鸟是欧洲最大的啄木鸟，除了头上的红羽冠外通体漆黑。主要分布在欧洲和中亚地区，特别是平原上的广阔森林中。在阿尔卑斯山的大片树林里，一年四季都能看到黑啄木鸟的身影，树林为它们提供了充足的食物和养育后代的安全场所。黑啄木鸟以蚂蚁和树干内的昆虫幼虫为食。它们会用坚硬的喙啄开树干捉虫，巢也是用喙一口一口啄出来的。它们在光滑的树干上啄洞筑巢，巢距离地面数米高，深度可达半米。

体长：44～50厘米　**重量**：250～340克

11. 苍鹰（*Accipiter gentilis*）

苍鹰是中型猛禽，背部有灰褐色的羽毛，下体密布白色和褐色相间的横纹。尾下覆羽为白色，飞行时明显可见。雌鸟的体形比雄鸟大三分之一左右。苍鹰生活在广阔的树林中，是强大的捕猎者，能捕获乌鸦大小的鸟类以及小型哺乳动物（松鼠和野兔）。翅膀相对较短且圆润，长尾使它们可以在树干间敏捷地穿梭，从而迅猛地抓捕猎物。鹰巢筑在较高的树上，用树枝搭建而成，苍鹰喜欢用旧巢，经年累月的扩建使得鹰巢越来越大。

体长： 48～62厘米

体重： 雄鸟600～1100克，雌鸟820～2200克

12. 鬼鸮（*Aegolius funereus*）

鬼鸮是广泛分布于欧洲和亚洲北部的夜行性猛禽，在阿尔卑斯山也有分布。鬼鸮依靠非常敏锐的视觉和听觉以及无声的飞行，即使在黑暗中也能捕杀小型哺乳动物、小型鸟类和大型昆虫。它们冬季会留在山中越冬，并在最寒冷的时候飞到海拔较低的森林中。鬼鸮通常和黑啄木鸟栖息于同一个区域，它们喜欢利用黑啄木鸟废弃的巢育雏。鬼鸮因为白色的面盘实在太显眼了，所以孵蛋时会面向巢穴闭着眼睛，用这种方法躲避掠食者并隐藏巢穴。

体长： 24～26厘米

体重： 雄鸟100～130克，雌鸟130～190克

喙短但非常坚硬，脚爪长且锋利，眉纹为白色，眼睛为橙黄色（雌鸟）或橙红色（雄鸟）。

头大，面盘呈白色且外侧边缘为褐色，黄色的眼睛十分巨大。

13. 赭红尾鸲 (*Phoenicurus ochruros*)

赭红尾鸲是小型雀形目鸟类，经常在散落着巨石的石质草原出没，也常在山村石头房屋的墙壁上筑巢。雄鸟和雌鸟虽然长相不同，但都有铁锈般的赭红色尾部。雄鸟羽毛为深灰色，喉部和胸部呈黑色，翅膀在繁殖期会出现明显的白色条纹。雌鸟则为灰褐色，腹部颜色较浅。它们经常出现在人类视野中，摆动着漂亮的尾部，从一块大石头移动到另一块上。

体长: 14~16厘米　**体重:** 13~20克

> 喙细且黑；眼睛大，深褐色；尾部呈赭红色。

14. 欧石鸡 (*Alectoris graeca*)

欧石鸡体态壮硕，头小、腿短。羽毛以灰褐色为主，腹部和尾下为浅棕色，喉部和面部为白色，从前额到胸部有一条明显的黑纹，身体两侧有数十条黑白相间的纵条纹。在陡坡、有岩石的低矮草丛和稀疏的灌木丛中活动。冬季仍留在山中越冬，因为陡坡处通常积雪较少，融雪更快，有时候也会到低海拔地区躲避严寒。除了繁殖期以外，它们会集群寻找种子和植物枝叶，春季还会捕食昆虫和蜘蛛。

体长: 32~36厘米　**体重:** 500~820克

> 喙为红色，前额、喙侧、下喉和颈部有一圈黑纹，眼周为红色，雄鸟的跗跖为红色。

15. 穗䳭（Oenanthe oenanthe）

穗䳭又名石栖鸟，是草原上的一种小型雀形目鸟类，分布在阿尔卑斯山的多石草原，容易被人类观察到。雄鸟和雌鸟羽毛颜色不同：雄鸟上体为灰蓝色，下体为白色，喉部为浅褐色，翅膀为黑色；雌鸟的背部为灰褐色，翅膀为黑褐色。雌雄鸟的臀部及尾侧皆为白色，飞行时十分明显。穗䳭主要以昆虫、蜘蛛和其他无脊椎动物为食，夏末时迁徙到非洲。

体长：14～15厘米　**体重**：19～35克

16. 白背矶鸫（Monticola saxatilis）

白背矶鸫比穗䳭略大，身体结实，尾羽短。阿尔卑斯山上的白背矶鸫经常在光滑的岩石斜坡和岩石草甸中筑巢。雄鸟和雌鸟的外观差异较大：雄鸟羽毛为灰蓝色和橙色，背部有白色斑点；雌鸟为褐色，上体有许多白色小斑点，下体为浅橙色且有波浪形细条纹。雌雄鸟的翅膀皆为黑色，尾羽为锈红色。白背矶鸫以昆虫、无脊椎动物、小蜥蜴和浆果为食。繁殖季节结束后迁徙到非洲过冬。

体长：18～20厘米　**体重**：40～65克

北欧海湾的鸟类

欧洲

北大西洋的海岸线，从挪威到苏格兰岛，再到遥远的设德兰群岛和赫布里底群岛，大都是悬崖峭壁，壁立千仞，高达数百米。这些人类难以涉足的峭壁正是鸟类筑巢、育雏的理想场所。一些鸟类一年大部分时间都在海上觅食，捕捉鱼类、软体动物和其他海洋生物，只在初春返回陆地，在狭窄的壁架或岩石缝中产卵并抚养雏鸟。悬崖因此变得十分拥挤，成千上万只鸟都在争夺最佳的育儿地，它们来去匆匆，毫不停歇地将在海中捕到的鱼带回给巢中雏鸟。刀嘴海雀和崖海鸦身披黑白色羽毛，令人不禁想到企鹅；北极海鹦有着巨大的彩色喙（如左图）；长相酷似海鸥的三趾鸥和暴雪鹱是非常聒噪的鸟类，不同种类的鸟一同生活在悬崖峭壁上。众多鸟类聚集在一起，它们的蛋和雏鸟自然会吸引捕猎者，从在空中直接捕食成鸟的强大矛隼，到大黑背鸥这种偷食鸟蛋和雏鸟的大型鸥类，再到跟踪刚捕到鱼的亲鸟并伺机抢夺其口中食物的短尾贼鸥，它们都可谓不折不扣的海盗。

当雏鸟长到可以离巢之时，就会跟随亲鸟去海上学习潜水和水下追击猎物的本领。在夏季结束时，所有的鸟都会放弃悬崖上的鸟巢，返回海上直至冬季结束。于是，这些人迹罕至的岩壁重归静寂，任由惊涛拍岸、狂风呼啸，直到来年春季众鸟回归，这里又会热闹起来。

1. 暴雪鹱（*Fulmarus glacialis*）

暴雪鹱是中型鸟类，翼展超过 100 厘米。它们一生中的大部分时光在海上度过，只有筑巢时才会上岸。暴雪鹱有两种羽色类型：浅色型上体为烟灰色、下体为纯白色，深色型通体铅灰色。它们的鼻孔呈管状，长有能排除多余盐分的腺体。亲鸟会轮流捕食鱼类和其他海洋生物，然后抚育雏鸟，它们每次待在海上 4～5 天。雏鸟能将吞进胃里的食物吐出来，为了免受捕猎者的伤害，它们会吐出臭鱼油自卫。

体长： 45～50 厘米　**体重：** 450～1000 克

> 喙直且厚、铅灰色，喙尖呈钩状、黄色；鼻孔呈管状。

2. 崖海鸦（*Uria aalge*）

崖海鸦的外形酷似企鹅，头部、颈部和背部为棕黑色，身体正面为白色，与企鹅不同的是它们的翅膀具有飞行能力。它们跟很多其他鸟类（刀嘴海雀，三趾鸥、北极海鹦）在相同的区域繁衍后代，并占据悬崖的上部，将蛋产在光秃的岩石上。雏鸟在破壳后 18～25 天还未学会飞行之时，就会滑翔 400～500 米到大海上，亲鸟会在那里照顾雏鸟 20 余天，直至其学会飞行。崖海鸦冬天也在海上生活，春天来临时才返回陆地。

体长： 38～43 厘米　**体重：** 490～860 克

> 喙呈黑色、细长且尖，跗跖和脚爪呈黑灰色。

> 喙大且黑，上面有白色环状纹；一条白色细纹从喙延伸到眼睛；脚爪为黑色。

喙呈三角形，后部灰蓝色，前部橙色、带黄纹；眼圈和脚爪均为橙色。

3. 刀嘴海雀（*Alca torda*）

刀嘴海雀是中型鸟类，头部、喉部和上体羽毛呈黑色或褐色，下体为白色。它们的尾羽相对较长，站立时尾羽及地。刀嘴海雀虽然走路笨拙，却是游泳的高手，能够潜入深达 30～40 米的海水里捕鱼，潜水时，翅膀和腿会像舵一样控制方向。刀嘴海雀将巢筑在北大西洋沿岸的悬崖处，并在光秃的岩石上或岩缝中产蛋，且每次只产 1 颗蛋。繁殖期结束后，刀嘴海雀立即返回大海，然后在海上待到来年春天。

体长： 38～43 厘米　**体重：** 500～700 克

4. 北极海鹦（*Fratercula arctica*）

北极海鹦看起来像是矮胖的小企鹅，它们的上体为黑色，下体为白色，喙部巨大且颜色鲜艳，像小丑一样。它们会在悬崖顶部的草坡上安家，夫妻协力用喙和蹼足挖出 1 米深的坑道作为巢穴。它们以鱼类为食，能够潜入水中抓鱼，嘴里塞满鱼后返回鸟巢喂养雏鸟。夏季结束时，北极海鹦会离开巢穴回到大海，直到来年的 3 月份才会再次靠近陆地停息。

体长： 29～36 厘米　**体重：** 305～675 克

5. 矛隼（*Falco rusticolus*）

矛隼是欧洲最大的隼，中世纪时是国王专属的财产。它们生活在北部海岸线，甚至可到极地附近，在悬崖或峭壁上筑巢，以岩雷鸟和海鸟为食。最常见的羽毛颜色为深浅不一的石灰色，胸部有黑色条纹，翅膀和腿部有黑色纵纹。不同地区的矛隼羽色相差较大：格陵兰岛、北美洲和东亚地区的矛隼羽色较浅，几乎为白色；另一些矛隼的羽色则非常深，几近黑色。雄鸟和雌鸟的羽色相近，但雌鸟的体形比雄鸟大。

体长： 50～65 厘米

体重： 雄鸟 900～1300 克，雌鸟 1300～2100 克

浅色眉纹，黑色胡须，头顶、眼圈和跗跖为黄色。

6. 短尾贼鸥（*Stercorarius parasiticus*）

短尾贼鸥是飞行能力很强的中型海鸟，多在苔原中繁殖，但也会前往海鸟聚集的大型繁殖地，在那里它们像海盗一样盗取其他鸟类的食物。短尾贼鸥有两种羽色类型：浅色型上体为灰褐色，下体为白色；深色型通体褐色，只在初级飞羽上有一块浅色斑块。中央尾羽长于外侧尾羽且末端较尖，喙较细、呈钩状，蹼足上的脚趾尖利而弯曲。

短尾贼鸥会尾随回巢的海鸟（三趾鸥、燕鸥、北极海鹦和刀嘴海雀），并强行从它们嘴里或从雏鸟巢穴内抢夺鱼类。贼鸥凭借敏捷而快速的飞行能力无情地袭击其他海鸟，迫使它们吐出已经吞下去的食物，然后迅速抢走食物，并选择下一个目标发起新一轮的攻击。

体长：41～46厘米　**体重：**330～570克

深色型：通体褐色，脸颊和颈侧颜色略浅。

浅色型：头部为褐色，颈部为白色。

喙部较细，呈浅黄色；眼睛为黑色，周围有红色细眼圈。

7. 三趾鸥（*Rissa tridactyla*）

三趾鸥是动作敏捷的小型鸥类，喜欢在垂直于海面的岩石峭壁上筑巢。头部和下体的羽毛呈白色，背部和翅膀上半部为灰蓝色，初级飞羽尖端呈黑色。腿部较短，脚爪通常为黑色，趾间带蹼，有三趾。喙部细而尖，呈浅黄色。三趾鸥以小鱼和其他海洋动物为食。繁殖期结束后就会迁移到海面上，它们经常跟随渔船觅食。

体长：38～41厘米　**体重**：305～525克

8. 大黑背鸥（*Larus marinus*）

大黑背鸥是羽色对比鲜明的大型海鸥，头部、下体和尾部呈亮白色，背部为黑褐色，翅膀除了初级和次级飞羽尖端为白色，其余皆为黑色。黄色的喙强而有力，下喙处有一块红斑。与其他大型鸥类一样，大黑背鸥不仅是机会主义者，也是活跃的捕食者，它们既吃垃圾和腐肉，也吃鱼类、鸟蛋和雏鸟，还捕食鸭子大小的成鸟。它们虽然没有强壮的脚爪，但是依靠有力的喙也能对猎物造成伤害，它们还会追赶猎物直至其精疲力竭，然后将其一举捕获。

体长： 65～78厘米　**体重：** 1400～2300克

> 黄色的喙强而有力，下颚处有一块红斑；眼睛为黄色，周围有一圈红纹；脚爪为粉红色。

9. 欧绒鸭（*Somateria mollissima*）

欧绒鸭是生活在北半球的大型海鸭。雄鸟和雌鸟的羽色不同。雄鸟下体、尾上覆羽和尾羽均为黑色，而翼上覆羽、背部、胸部和喉部皆为白色，头部为白色，头顶为黑色，枕部和颈部两侧皆为浅绿色。雌鸟为砖红色或红褐色，并有深浅不一的条纹，这种近似植被的颜色是其栖息在巢内的保护色。欧绒鸭的巢由干草构成，里面铺着雌鸟从胸前拔下的柔软绒羽。它们以软体动物、甲壳类动物为食，还能快速潜入海中捕获海星。

体长： 53～60厘米　**体重：** 850～3025克

> 雄鸟：羽毛为黑色和白色；喙大且呈三角形，浅黄色；枕部和颈部两侧为浅绿色。

> 雌鸟：褐色羽毛上布满条纹，喙呈灰褐色。

10. 白翅斑海鸽（*Cepphus grylle*）

白翅斑海鸽是跟鸽子差不多大小的海鸟。繁殖期的白翅斑海鸽除了翅膀上有两个大白点，通体黑色，喙外黑内红，跗跖和脚爪都是亮红色。非繁殖期生活在冷水水域，甚至会游荡至结冰海域附近。春季会来到陆地的岩石海岸或小岛上，并在岩石裂缝或峭壁底部的巨石之间筑巢，几十对海鸽的巢聚集成一个栖息地。它们以海水中捕获的鱼类为食，可以持续潜水两分钟，深度可达 50 米。

体长：30 ~ 36 厘米　　**体重**：325 ~ 550 克

11. 欧鸬鹚（*Phalacrocorax aristotelis*）

欧鸬鹚是大型海鸟，颈部又细又长。黑色羽毛上带有绿色金属光泽，看起来像金属薄片一样，翅膀带有紫色光泽。繁殖期的欧鸬鹚头上会长出一簇羽冠。它们以海中捕获的鱼类为食，在海岸和岩石小岛上筑巢。欧鸬鹚的巢很大，以树枝和藻类构成，筑在壁架或岩石洞中，一般可放置 3 颗蛋。雏鸟出生时无羽毛，需要在窝里生活约 8 个星期，并由亲鸟喂养照顾。

体长：65 ~ 80 厘米　　**体重**：1350 ~ 1750 克

喙呈深色、基部为黄色，头顶有羽冠，眼睛为亮绿色。

喙外部为黑色、内部为红色，眼睛为黑色，跗跖和脚爪呈亮红色。

北极苔原的鸟类

在美洲大陆的北端,从阿拉斯加到加拿大北部,延伸着广阔的苔原。苔原指的是年平均温度不高于0℃的生态类型。除了地面很薄的一层土壤能在夏季短暂解冻外,地表下数百米的土层终年结冰,在这种环境下只有草、苔藓、地衣和少数低矮灌木能够在浅土中扎根并生长。苔原被冰雪覆盖长达数月之久,随着夏季来临,气温上升至5℃~10℃,青草发芽并生长,地面冰雪融化后形成许多湖泊和池塘。苍蝇、双翅目昆虫、蝴蝶和成千上万只蚊子的卵和幼虫在冰雪覆盖的土壤里度过极为漫长的寒冬,随着冰雪消融开始孵化了。这样的生命大爆发吸引了大批鸟类。

苔原的夏季最多持续两三个月,所有动物

北美洲

必须在再次被冰雪封冻前完成生命的循环。这是一个繁忙的时期，太阳24小时挂在天上不会落下，源源不断地释放光和热。天鹅和鸭子以青草及沼泽植被为食，其他动物大举捕捉昆虫或消耗草籽。鹤既吃草的种子和根，也喜欢昆虫、两栖动物和小型啮齿动物。处于食物链顶端的是游隼和雪鸮（如左图）。一旦雏鸟学会飞行，它们必须尽快离开苔原，拖延意味着死亡，缺少食物或寒冷都会让它们身处险境。它们或独自或成群结伴地飞往温暖的南方，那里有丰富的食物来源和适宜的温度。苔原在冰雪中沉睡，等待着来年夏季短暂而匆忙的复苏。

1. 长尾贼鸥（*Stercorarius longicaudus*）

长尾贼鸥是贼鸥家族中的一员，身体细长，翅膀长而窄。中央尾羽又长又尖，使它们看起来比实际上大。上体羽毛为灰褐色，下体为白色。头部为黑色，与白色的颈部形成鲜明对比。繁殖期时遍布极北各个地区，从阿拉斯加到加拿大再到西伯利亚都能看到它们的踪影。长尾贼鸥在地面筑巢，主要以旅鼠和其他小型啮齿类动物为食，偶尔会毫不犹豫地偷走其他海鸟的猎物。在开阔的海面上度过冬天，以鱼类和贝类为食。

体长： 48～53厘米（包括尾羽） **体重：** 230～350克

> 头部为黑色，喙细长且尖端呈钩状，蹼足为深灰色。

> 金黄色的眼睛周围有一圈黑色眼线，跗跖和脚爪皆覆盖羽毛，鼻孔上的覆羽起保护作用。

2. 雪鸮（*Bubo scandiacus*）

雪鸮是生活在极北地区的大型猛禽，从阿拉斯加到西伯利亚都有它们的身影，它们会根据猎物的分布改变自己的栖息地。羽毛主要为白色，雄鸟几乎通体雪白。雌鸟体形更大，白色羽毛上布满黑褐色横纹，这样一来，它们就不会在孵蛋时被捕猎者发现。

体长： 53～66厘米

体重： 雄鸟710～2500克，雌鸟780～2950克

3. 游隼（*Falco peregrinus*）

游隼是强大的捕猎者，几乎遍布全世界。它们飞行快速且有力，能抓捕跟自己差不多大小的大型鸟类，如鸭子和鸽子。它们主要在空中攻击猎物，俯冲速度可达300千米/小时，是地球上速度最快的动物之一。雌雄外观相似，但雌鸟比雄鸟大得多。上体呈深灰色或褐色，下体颜色较浅，且带斑点和横纹。头部为黑色，醒目的胡须状髭纹与浅色的脸颊和喉部形成鲜明对比。游隼一般远离人类生活，但偶尔也会在大城市的高塔或摩天大楼上筑巢。

体长：35～51厘米　**体重**：雄鸟410～1060克，雌鸟595～1600克

> 髭纹为黑色；喙整体为黑色，基部为黄色；脚爪为黄色。

4. 斑尾塍鹬（*Limosa lapponica*）

斑尾塍鹬是涉禽，也就是生活在湖泊、河流或海岸泥泞地带的鸟类。它们用长喙寻找昆虫、软体动物和海洋蠕虫。夏季羽毛引人注目，下体为锈红色，上体为褐色，并带有黑色和白色斑纹；冬季变为灰色，布满深色条纹。在北极附近的苔原筑巢，夏末迁徙到南半球。斑尾塍鹬从筑巢地阿拉斯加迁徙到新西兰需要飞行超过11000千米，旅程约9天，其间既不落地也不进食，这是候鸟不间断飞行的最高纪录！

体长：37～41厘米

体重：雄鸟190～400克，雌鸟262～630克

> 喙细长，微微向上弯曲，基部为红色，尖端为黑色。

5. 雪鹀（*Plectrophenax nivalis*）

雪鹀是小型鸣禽，有着结实的身体和短粗的喙。生活在遥远的北方山区和岩石海岸，越冬时会迁徙到欧洲中部。雄鸟夏季的羽毛很醒目，除背部、初级飞羽和中央尾羽为黑色外，其余羽毛均为白色，喙也是黑色的。冬季时背部、头部和胸侧变成黄褐色，喙也会随之变成黄色。雌鸟的背部和头部皆为灰褐色。雪鹀主要以植物种子为食，但会给雏鸟喂食毛虫和昆虫。

体长：14～18厘米　**体重**：雄鸟18～65克

> 羽毛为黑色和白色，眼睛、喙和脚爪均为黑色。

6. 雪雁（*Anser caerulescens*）

雪雁在美洲最北部、格陵兰岛和西伯利亚地区筑巢，雪融之时它们就会尽快产卵。夏末迁徙到温暖的地方，并在耕地中寻找食物。一夫一妻制，一生相互守候。雪雁性喜结群，会成群地筑巢和迁徙。羽色有两种类型：一种纯白，只有初级飞羽为黑色（如下图）；另一种羽毛灰蓝色，头部、颈部和尾部尖端呈白色。

体长：66～84厘米　**体重**：1600～2900克

7. 红喉潜鸟（*Gavia stellata*）

红喉潜鸟是潜鸟科中最小、最轻的成员。栖息在苔原的湖泊和水塘里，居所距离大海不远，以便飞到海里捕鱼，可以下潜9米深。夏季羽毛的特点是上体呈均匀的灰褐色，头部和颈部为灰色，背部带有黑白色细长纵纹，喉部有一条锈红色长条纹，下体颜色发白。红喉潜鸟会在冬季迁徙到南方，并在海上越冬，此时喉部羽毛变白，背部覆盖白色斑点，这也是其种加词"stellata（意为星星点点）"的来历。

体长：53～69厘米　**体重**：1000～2500克

> 喙为红色、边缘为深灰色，脚爪为肉红色，眼睛为黑色。

> 头部和颈部为灰色，喉部有锈红色长条纹，眼睛为深红色。

8. 灰瓣蹼鹬（*Phalaropus fulicarius*）

雌鸟的羽色大多比雄鸟暗淡很多，但也有例外，灰瓣蹼鹬就是例外之一。雌性灰瓣蹼鹬的羽毛在繁殖期会特别鲜艳，它们不像其他雌鸟产卵后履行孵蛋和养育雏鸟的职责，而是产卵后立刻离巢，将孵化和育雏的任务交给雄鸟，雄鸟会养育雏鸟直到它们能独立生活。冬季雌雄成鸟都会变换羽色，上体变为浅灰色，身体其余部分变为白色，只有头部有少许黑斑。

体长：20～22厘米　**体重**：37～77克

> 雌鸟：头顶为黑色，脸颊为白色，颈部和下体为砖红色，喙为黄色、尖端为黑色。

> 雄鸟：羽色暗淡，头顶为灰棕色。

9. 沙丘鹤 (*Antigone canadensis*)

沙丘鹤是大型涉禽，脖子和腿又细又长。雌雄外貌相似，通体灰色并点缀褐色，脸颊为白色，前额裸露着鲜红色的皮肤。三级飞羽非常长，收拢时可以遮住尾部。沙丘鹤为一夫一妻制，终身相伴。它们以植物为材料在地面筑巢，通常在水塘或沼泽安家。夫妻俩共同孵蛋和养育雏鸟，并与之生活至次年。夏末，全体家庭成员成群结队地迁徙到更温暖的地方。

体长：86～122厘米

体重：3350～3750克

> 前额裸露，呈红色；脸颊为白色；喙为黑色，长且尖；脚爪为黑色。

10. 小天鹅 (*Cygnus columbianus*)

小天鹅通体雪白，与北半球的其他天鹅非常相似，只是体形略小，脖颈相对较短。小天鹅与其他天鹅的主要区别在于喙，小天鹅的喙几乎全黑，只在基部有少量黄色*。小天鹅在北极苔原的湖泊、水塘或沼泽繁衍。巢呈盘状，主要由干草构成，里面能容纳5～7颗蛋。雌鸟负责孵化，雄鸟则负责抵御入侵的掠食者。雏鸟身披灰色羽毛，要到出生后第二年才会长出纯白色的羽毛。

体长：120～150厘米

体重：雄性3800～10500克，雌性4100～9000克

> 喙为黑色，基部靠近眼睛处有一小块黄斑；脚爪为黑色，趾间带蹼。

*注：这里描述的是小天鹅在美洲的亚种，我国分布的小天鹅属于不同亚种，其喙基黄色范围较大，但并不延伸过鼻孔。

喙呈珊瑚红色，前额有突起的橙色覆头面板，头部为天蓝色、蓝绿色和黑色相间。

11. 王绒鸭（*Somateria spectabilis*）

王绒鸭生活在北极圈附近的岛屿上，只有冬天才会向南迁徙到无冰的水域。雄性王绒鸭是世界上最多彩的鸭子之一：身披黑白羽衣，胸部呈浅红色，枕部和头顶为蓝紫色，脸颊为蓝绿色，喙为珊瑚红色，前额有橙色长方形覆头面板。雌鸟和其他鸭类相似，黑色羽毛上带褐色条纹。王绒鸭能够潜水，主要以软体动物、贝类、海胆和海星为食。

体长：47～63厘米　**体重**：1100～2000克

12. 白鸥（*Pagophila eburnea*）

白鸥是小型海鸥，体态敦实，腿短，喙细。全身覆盖雪白的羽毛，脚爪为黑色，喙为深灰色且尖端浅黄。栖息在北极海域，在小岛和冰川周围的悬崖上筑巢。以小型鱼类和海洋无脊椎动物为食，在海面或浅水区捕食猎物，也经常去冰川上寻找食物，进食被北极熊杀死的海豹或鲸鱼尸体。冬季在冰冻的海面边缘活动。

体长：44～48厘米　**体重**：520～700克

13. 角䴙䴘（*Podiceps auritus*）

角䴙䴘擅长游泳，能够潜入水中捕鱼。繁殖期的角䴙䴘有一身醒目的羽毛：颈部、胸部和下体偏红色，背部为灰褐色，头部为黑色且两侧各有一团簇绒，使头部看起来更大，眼后的金黄色饰羽一直延伸到头顶。冬季羽毛彻底变化：头部、枕部和背部变成黑色，颈前和下体则变成白色，就连金色的饰羽也会消失。

体长：31～38厘米
体重：300～470克

> 通体白色，喙为深灰色且尖端为黄色，脚爪为黑色，趾间带蹼。

14. 长尾鸭（*Clangula hyemalis*）

顾名思义，雄性长尾鸭有一对长长的中央尾羽，这对细长的羽毛足有其身体三分之一长。夏季羽毛和冬季羽毛截然不同：夏季时，背部呈棕色，头部和颈部呈黑色；冬季时，颈部和头部大部分为白色，背部为黑色，两翼为灰色。雌鸟的羽色和夏季的雄鸟十分相似，但颜色更暗，没有长长的尾羽。长尾鸭在苔原地区的水塘和湖泊附近筑巢，非繁殖期主要栖息在沿海水域。

体长：37～47厘米（雄鸟还有10～15厘米的尾羽）
体重：550～900克

> 黑色的头部两侧是显眼的簇绒，眼后有金黄色饰羽，眼睛呈红色，瞳孔边缘一圈为黄色。

> 头部黑白相间，眼周为灰色，喙半红半黑，尾羽细长。

15. 北极燕鸥（*Sterna paradisaea*）

北极燕鸥是体态纤细的飞禽，修长的翅膀和轻盈的飞行姿态令它们从燕鸥中脱颖而出，其尾羽格外长，在空中飞翔时十分明显。羽毛主要为白色，背部和面部为浅灰色。潜入水中捕食鱼类。它们会在北大西洋沿岸筑巢，夏末时从北大西洋飞向地球另一端的南极洲陆地。每年的迁徙往返距离可达 90000 千米，是世界上所有动物中迁徙距离最远的。若以 30 年平均寿命计算，一只北极燕鸥一生的飞行距离可达 250 万千米，是地球到月球平均距离的 6.5 倍！不仅如此，北极燕鸥夏季筑巢于北极，正值北极的极昼，太阳始终挂在空中，而当冬季迁徙到南极时，那里的阳光也是 24 小时不间断照射，所以它们可以享受到比其他鸟类更多的阳光。

体长： 33～36 厘米　**体重：** 86～127 克

36 厘米

头顶为黑色，脸颊为白色，喙和脚爪呈鲜红色。

黄石国家公园和落基山脉的鸟类

落基山脉从加拿大不列颠哥伦比亚省绵延4800千米至美国西南部新墨西哥州。其间有无数起伏的高山和深谷，除了最高峰埃尔伯特山海拔4401米之外，还有数十座海拔4000米以上的山峰。在这个宏伟的山脉中心坐落着早在1872年便建立的黄石国家公园。得益于持续一个半世纪的保护工作，这片广阔的区域内仍然保留着一系列完整的生态体系，从广茂的针叶林到分布着低矮灌木的草原，从蜿蜒的河流到大大小小的湖泊。此外还有巨大火山爆发引起岩浆活动形成的中央高原，那里的火山活动仍旧频繁。岩浆活动的深度仅有4～5千米，其热量流动造成了间歇泉现象——地面间歇性喷出热水。整个公园的面积达到8800

北美洲

平方千米。黄石国家公园以园内众多哺乳动物闻名，从野牛到马鹿，从棕熊到黑熊，从狼到海狸。其鸟类资源也同样值得关注，公园内有298种鸟，一部分全年在此生活，还有一些在繁殖期到此繁衍，或者迁徙时到此越冬。森林里可以观看到壮观的松鸡和火鸡游行，还能遇到黄褐色的乌林鸮——一种厉害的灰色猫头鹰，以及十几种园内特有的多彩雀形目鸟类。湖泊里有普通潜鸟、秋沙鸭、捕鱼的鹗。猛禽的代表是雄壮而美丽的白头海雕（如左图），这种威武的掠食者也是美国的国鸟。

颈部有黑领，眼睛上方有细细的红色眼纹，跗跖上覆盖羽毛。

1. 披肩榛鸡（*Bonasa umbellus*）

披肩榛鸡是中型鸟类，身体结实。终年生活在阔叶林中，夏季以浆果、水果和昆虫为食，冬季则以植物的枝叶为食物。雄鸟会在求爱游行中展现其魅力：将镶着灰边的暗色尾羽呈扇形展开，竖起颈部羽毛形成一个大黑领，扇动翅膀并发出击鼓般的响声。雌鸟体形略小，棕色羽毛上覆盖着斑驳的黑色及白色斑点，独自孵蛋并抚养雏鸟。

体长：43~48厘米

体重：雄鸟600~840克，雌鸟495~585克

头顶有橙色肉冠，颈部有红色肉囊，尾下覆羽呈白色。

2. 蓝镰翅鸡（*Dendragapus obscurus*）

蓝镰翅鸡和披肩榛鸡很像，不同的是蓝镰翅鸡生活在针叶林里，冬季以松针和冷杉针为食。雄性蓝镰翅鸡也会表演壮观的求爱舞，但它们并不是用翅膀发出击鼓般的声响，而是鼓起脖子两侧的红色肉囊发出声音，脖子周围的白色羽毛也会随之立起。雌鸟体形略小，羽色也比雄鸟暗淡很多。

体长：45~57厘米

体重：900~1350克

3. 火鸡（*Meleagris gallopavo*）

野生火鸡同家养火鸡的体形相似，但羽毛更加艳丽，并带有金属光泽。头部和颈部都没有羽毛，裸露的皮肤上长有肉瘤。雄鸟比雌鸟大得多，会在繁殖期上演求偶表演：立起羽毛，竖起扇状尾羽，颈部和喙上方的肉瘤也会变成鲜红色。野生火鸡栖息在靠近水源的树林中，尽管没有重到飞不起来，但大部分时间仍在地面度过，只有夜间飞到高大的树上休息，以躲避掠食者。

体长： 雄鸟 110~120 厘米，雌鸟 76~95 厘米

体重： 雄鸟 5000~11000 克，雌鸟 2500~5400 克

> 头部和颈部裸露着红色皮肤，胸前有一簇簇羽毛，脚爪强壮，趾甲锋利。

4. 紫绿树燕（*Tachycineta thalassina*）

紫绿树燕是专门捕捉飞虫的小型鸟类。翅膀长且呈三角形，尾部短并略微分叉。背部是闪亮的深绿色，腹部为白色，两大块白色区域将绿色的背部和紫红色的臀部分开。紫绿树燕在树洞中筑巢，它们并不计较树洞是天然的还是其他鸟类啄成的，它们也会在岩壁裂缝中安家。紫绿树燕一般成群筑巢和捕食，喜食苍蝇、甲虫等昆虫，以及随风飘来的小蜘蛛。

体长：13～14厘米　**体重**：14～16克

> 头部呈绿褐色，喙短、呈黑色，翅膀长而尾羽短。

5. 白胸䴓（*Sitta carolinensis*）

白胸䴓栖息在针叶林和橡树林中，它们会在秋天将松子、橡子和其他坚果埋在土里储存，冬天挖出来食用。上体灰蓝色，枕部和头顶为黑色，面部和下体为白色，腹部有一块浅红色斑块。白胸䴓是非常活泼和灵敏的小型鸟类，可以沿着树干行走，最绝的是能够头朝下在树干上边走边捕食树皮里的蜘蛛、毛虫和小昆虫。

体长：13～15厘米　**体重**：20～23克

> 少有的可以头朝下沿着树干或树枝行走的鸟类。

6. 暗冠蓝鸦（*Cyanocitta stelleri*）

暗冠蓝鸦是鸦科鸟类，身上的覆羽为钴蓝色，头部、喉部和上背呈黑色，头顶有一个巨大的三角形羽冠。飞羽和尾羽有黑色细纹。雌雄鸟外观相似。暗冠蓝鸦喜欢栖息在茂密的针叶林中，主要以松子为食，但也经常飞去阔叶林寻找橡果和榛子，还捕捉小型昆虫，常常接近露营地和野餐区寻找剩菜。它们非常喜欢群体活动，冬天经常成群结队地寻找食物。

体长：30～34厘米　**体重**：100～140克

> 喙坚硬，呈圆锥形、黑色；眼睛为黑色；头顶有厚厚的三角形羽冠。

灰色面盘上有数个暗色同心环纹，眼睛为黄色，眼睛和喙之间有新月形白斑，喙呈黄色。

7　84厘米

7. 乌林鸮（*Strix nebulosa*）

乌林鸮是黄褐色的猫头鹰，属于夜行性猛禽，身体细长。雌鸟比雄鸟大，但羽色相近，背部分布浅灰褐色和白色斑点，下体有宽阔的灰褐色纵纹。头部大且面盘圆，耳朵没有簇羽，面盘上有暗色同心环纹和新月形白斑。乌林鸮生活在茂密的森林里。尽管体形不小，但它们却不是强大的捕食者，一般只捕捉小型啮齿动物，如田鼠和野鼠。

体长： 61～84厘米

体重： 雄鸟570～1100克，雌鸟980～1900克

8. 雪松太平鸟（*Bombycilla cedrorum*）

雪松太平鸟是雀形目鸟类，中等体形，特点是柔软丝滑的羽毛（属名中"*Bombycilla*"在希腊语中的意思为"丝绸尾部"）。背部为灰褐色，臀部、翅膀和尾部呈灰色，尾羽末端有一条黄色纹带。头部甚是可爱，柔软的簇状羽冠，黑色羽毛像面具一般从喙延伸到枕部。腹部为浅黄色，尾羽下方为白色。次级飞羽末端有鲜红色的蜡滴状小斑点。雪松太平鸟主要以浆果、水果和松子为食，春天还会捕食昆虫。

体长： 16～18厘米　　**体重：** 31～35.5克

簇状羽冠，镶白边的黑色面具，喙短且黑，次级飞羽上有红色"蜡滴"。

8　18厘米

喙短且弯，脸颊和喉部为白色，眼睛下方和耳朵后方有黑色纵纹。

9. 美洲隼（*Falco sparverius*）

美洲隼是北美洲体形最小的猛禽。很容易在山顶的树上或柱子上观察到它们，还能看到它们仿佛悬在空中的静态飞行，这是捕食大型昆虫和小型啮齿动物时的准备动作。雄鸟羽毛对比强烈，背部和尾部呈黄褐色，头部和翅膀为灰蓝色，尾羽末端有镶白边的黑色宽横斑。雌鸟体形略大，背部和翅膀颜色更暗，枕部有两块黑斑。美洲隼视力敏锐，能快速锁定猎物，捕食迅猛。

体长： 21～31厘米

体重： 雄鸟80～143克，雌鸟84～165克

10. 山蓝鸲（*Sialia currucoides*）

顾名思义，这种鸟的特征在于上体覆盖的天蓝色羽毛，胸部和腹部羽色较浅，尾羽呈白色，这种羽色在雄鸟身上体现得尤为显著。雌鸟为灰色，翅膀、臀部和尾部呈渐变的蓝色。它们生活在遍布针叶林的高山草甸。山蓝鸲以地面或空中飞行的昆虫为食。冬季一般会短途迁徙，即向南和向低海拔地区略微移动一段距离。

体长： 17～20厘米　　**体重：** 27～33克

11. 白腹蓝彩鹀（*Passerina amoena*）

白腹蓝彩鹀是北美洲常见的小型鸟类，经常出没于阔叶林的边缘地带。雄鸟羽毛丰富多彩，头部、颈部和喉部呈亮蓝色，背部和尾部为天蓝色，腹部为白色，胸前有肉桂色"围兜"，深色翅膀上有两条发白的横纹。雌鸟的羽毛则暗淡很多，背部浅棕色，翅膀、臀部和尾部为渐变的天蓝色。雄鸟会在领地边界飞来飞去，并长时间停留在突出的树枝、灌木顶端、电线杆等高处，以便唱出悠扬的歌声。

体长： 13～14厘米　　**体重：** 13～19.5克

亮蓝色的头顶、胸前的肉桂色"围兜"和白色腹部形成鲜明对比。

羽毛呈天蓝色，眼睛、喙和脚爪为黑色，栖息在开阔地。

12. 棕煌蜂鸟（*Selasphorus rufus*）

蜂鸟是典型的热带雨林鸟类，棕煌蜂鸟是唯一向北分布到落基山脉的蜂鸟。雄鸟上体和体侧皆为红棕色，胸部为白色，喉部有橙红色"围兜"。雌鸟颜色较浅，上体为绿色。同其他蜂鸟一样，棕煌蜂鸟几乎完全以花蜜为食，偶尔也会捕食一些小昆虫。当它们找到一处开满鲜花的灌木丛时，便会就近栖息，还会驱赶其他前来采蜜的蜂鸟。

体长：8～10厘米　**体重**：2.9～3.9克

13. 北扑翅䴕（*Colaptes auratus*）

北扑翅䴕是中型啄木鸟，羽毛多彩。有三个亚种，以羽色区分。落基山脉的北扑翅䴕背部呈灰褐色、有黑色斑纹，胸部和身体两侧呈浅肉桂色、遍布黑色斑点。头部和面部为灰色，前额和眼周为肉桂色，雄鸟还长着红色的小胡子，胸部有黑色半月形斑块，将灰色喉部和胸部分开。臀部和尾羽为白色并带有黑色条纹，尾下覆羽、翅膀以及初级飞羽边缘皆为玫红色。

体长：32～36厘米　**体重**：106～164克

体形极小，喙长且细、呈黑色，黑色的脚爪非常短。

同其他啄木鸟一样，北扑翅䴕也有四趾，两趾向前、两趾向后，以便紧紧地抓住树干。

14. 旅鸫（*Turdus migratorius*）

旅鸫是北美洲最有名的鸟类，栖息地分布广泛，从山地森林到城市公园都能看到其身影。它们的羽色对比强烈，下体为砖红色，上体为深灰色，头部为黑色。雌鸟与雄鸟外形相似，但整体的羽色更深沉。顾名思义，旅鸫是候鸟，冬季往南飞，开春后飞回繁殖地繁殖，雄鸟悠扬而动听的歌声被视为春天到来的信号。

体长：23～28厘米　**体重**：59～94克

喙为黄色、尖端为灰色，眼睛为棕色，眼圈为白色，眼先有白斑。

15. 普通秋沙鸭 (*Mergus merganser*)

普通秋沙鸭是秋沙鸭中最大的一种，和其他种群成员一样，它们的特点是喙长而细，尖端呈钩状、边缘为锯齿状，这样能防止捕获的鱼类溜走。雄鸟黑白相间，头部呈暗绿色并带有金属光泽，枕部的黑色羽冠使头颈看起来更粗大。雌鸟呈灰色，头部的棕色与颈部、胸部的白色形成对比，有较短的红棕色羽冠。雏鸟破壳而出后便能下水游泳，即使这样雌鸟依然经常驮着雏鸟，好让它们休息。

体长： 58～72厘米

体重： 雄鸟1300～2100克，雌鸟900～1700克

雌鸟：眼睛为黑色，喙和脚爪呈红褐色。

雄鸟：眼睛为黑色，脚爪为红色、带蹼，喙为亮红色、尖端为黑色。

眼睛为黄色，喙短且黑，跗跖为灰色，黑色的趾甲又长又弯。

16. 鹗（*Pandion haliaetus*）

鹗是中型猛禽，翅膀狭长，体态轻盈。上体的羽毛呈棕色，下体为白色，头部侧面从喙到眼睛再到枕部有一条褐色宽带纹，喉部有褐色纵纹，尾部下方有白色和褐色的横纹。鹗只吃鱼类，它们掠过水面时用脚爪捕捉鱼类。它们的脚爪又长又弯，趾下有小突起，可以抓住滑溜溜的猎物。

体长： 55～58厘米
体重： 雄鸟990～1800克，雌鸟1200～2050克

17. 普通潜鸟（*Gavia immer*）

普通潜鸟也被称为北方大潜鸟，它们经常到植被丰富的湖泊筑巢，也在狭长的海岸线附近筑巢。它们可以毫不费力地潜水，下潜深度可达60米，且能在水下待两三分钟。春夏季背部羽毛为黑色，并带有规则的白色斑点，头部和颈部是带金属光泽的深绿色。冬季羽毛变成灰褐色，下体为白色。繁殖季节会发出极富特色的叫声，黄昏和夜晚会唱出长长的颤音和忧郁的歌声。

体长： 69～91厘米　**体重：** 2780～4480克

眼睛为暗红色，圆锥形的喙很坚硬、呈黑色，颈部两侧和喉部分布着黑白相间的竖条纹。

18 92厘米

喙长而弯，呈明黄色，十分尖利。脚爪为黄色，趾甲向内弯曲。

19. 棕胁秋沙鸭（*Lophodytes cucullatus*）

棕胁秋沙鸭是一种潜水鸭，喙长且细，边缘带锯齿。雄鸟前额到枕部有明显的头羽，通常为扁平状，但也能变为白色镶黑边的半月形。羽毛为黑色和白色，身体两侧呈肉桂色。雌鸟为灰褐色，头羽为红色。在树林中的小湖泊和水塘生活，以水生昆虫、小鱼和小青蛙为食。

体长：42～50厘米　**体重**：453～910克

18. 白头海雕（*Haliaeetus leucocephalus*）

白头海雕是大型海雕，翅膀呈方形，翼展超过200厘米。深棕色的身体与白色的头部、尾部形成鲜明对比。白头海雕广泛分布于大型湖泊、河流和沿海地区，冬天主要聚集在海岸或大江大河附近，以便捕获在那里繁殖的三文鱼。它们用树枝在大树上筑巢，经年累月地扩建使巢越变越大。白头海雕看似强壮勇猛，但它们主要的食物却是鱼类、动物尸体和垃圾。1782年，美国将白头海雕定为国鸟。

体长：74～92厘米

体重：雄鸟3100～5400克，雌鸟3700～6900克

雄鸟：头羽隆起时会呈现白色镶黑边的半月形。眼睛为黄色，喙为黑色且边缘带锯齿。

19 50厘米

哥斯达黎加云雾林的鸟类

中美洲

哥斯达黎加是位于北美洲和南美洲连接地带的狭窄小国。尽管面积很小，却是近 900 种不同鸟类的家园，数量超过美国和加拿大鸟类的总和，几乎占全世界所有物种的 10%。其中超过 600 种鸟类终年在此生活。哥斯达黎加地势高低起伏，山脉海拔超过 1500 米，还有数十座火山，其中许多仍然活跃。其地理位置在加勒比海和大西洋之间，栖息地数量众多且各不相同，包括沿海海滩、热带草原、热带森林、干燥的落叶林和热带雨林，由此造就了非凡的生物多样性。总而言之，哥斯达黎加的国土四分之一被森林覆盖，25% 是国家公园和自然保护区，这对保护生物多样性功不可没。

在接下来的内容中，我们选择了最具代表性的环境和鸟类加以介绍。哥斯达黎加的云雾林是一片终年笼罩在雾气中的山间森林。高湿度环境使得苔藓、地衣、附生植物（生长在其他植物树干上的植物）和蕨类生长繁盛。凤尾绿咬鹃（如左图）是栖息在这种生态环境中的典型鸟类，绿色和红色的羽毛非常明亮，尾羽极长。这种鸟的样貌极为迷人，被誉为"世界上最美丽的鸟"。除此之外，这里也有很多其他美丽的鸟，从角雕到王鹫，从巨嘴鸟到多彩的唐加拉雀。不要忘了还有数十种蜂鸟，它们能够在飞行中悬停并把喙插入花冠中吸食花蜜。

1. 角雕（*Harpia harpyja*）

　　角雕是世界上最大的鹰之一，也是生活在森林中的最大猛禽。尽管体形庞大，却可以在树干和树枝间灵活地狩猎，其主要捕食对象是生活在树上的哺乳动物，如浣熊、小树懒或猴子，极少情况下会捕食鸟类。上体为灰色，下体为白色，胸前有一道黑色带纹，两翼和腿部有黑色条纹，头部为铅灰色。尾羽呈黑色，上面有三条灰色条纹，下面有三条白色条纹。角雕是巴拿马的国鸟，并被描绘在该国的国徽上。由于栖息的森林被破坏，如今角雕数量稀少，濒临灭绝。

体长：89～105厘米
体重：雄鸟4000～8000克，雌鸟6000～9000克

> 尾羽呈长剪刀形，喙为黑色、细而弯曲，眼睛为黑色。

> 头部有灰色双羽冠，眼睛呈灰色、褐色或红色，喙为黑色，脚爪为黄色。

2. 燕尾鸢（*Elanoides forficatus*）

　　燕尾鸢的名字来源于其像燕子一样分叉的长尾，这种鸟是灰色、白色和黑色相间的猛禽，翅膀长且尖。燕尾鸢很容易辨识，其身体大面积为白色，两翼和尾羽为黑色，上体呈黑灰色，肩部颜色更深一些，头部为白色。燕尾鸢的飞行姿态轻巧灵活，大多数时间都在树顶上方盘旋，特别喜欢在空地和开阔空间飞行，随时准备俯冲并捕捉猎物。它们以昆虫（特别是白蚁和飞虫）、蜥蜴和小蛇为食，用脚爪抓住猎物后随即在空中享用美味。

体长：52～66厘米　**体重**：325～612克

3. 灰腹棕鹃（*Piaya cayana*）

灰腹棕鹃的意大利语名字译为"松鼠杜鹃"，原因是这种鸟喜欢沿着树枝奔跑，并在其间跳跃，就像松鼠一样。灰腹棕鹃的头部和身体呈黄褐色，喉部颜色略浅，胸部为灰白色，腹部为黑色。尾羽长，末端黑白相间。捕食蚱蜢和蝉一类的大型昆虫，以及毛虫。它们经常紧随迁移的行军蚁，以便捕捉被蚁群惊扰的昆虫。

体长： 40.5～50厘米　**体重：** 73～137克

> 尾羽长，眼睛为红色，喙和眼周为黄绿色，脚爪为灰色。

4. 王鹫（*Sarcoramphus papa*）

王鹫的翅膀很宽、呈方形，尾部宽而短。通体奶白色，只有两翼和尾羽为黑色。一圈厚厚的灰色羽毛环绕着光秃秃的肉红色脖子，向上延伸到黄色的喉部。头部皮肤基本裸露，只覆盖着薄薄的黑鬃毛。头部两侧和前额有巨大的橙色、黄色、灰色和黑色肉瘤。王鹫食腐为生，为了寻找死亡的动物，它们会在森林上空飞行数小时，它们具有超群的视觉和嗅觉。

体长： 71～81厘米　**体重：** 3000～3750克

5. 眼镜鸮（*Pulsatrix perspicillata*）

眼镜鸮因为面盘上酷似眼镜的白色眉纹得名。它们是生活在森林中的夜行性猛禽，白天在密林中休息，平时难得一见。头部、胸部和上体皆为咖啡色，下体为较浅的白色或奶油色，面盘有白斑。夜晚出没并捕捉大型昆虫、小型哺乳动物、蜥蜴或小鸟。

体长： 43～52厘米　**体重：** 550～980克

> 头部皮肤裸露且颜色多彩，喙为黑色并带有橙色肉冠，眼睛为白色，眼周为红色。

> 眼睛为琥珀色，黑色的面盘上有大片白斑，喉部为白色或奶油色。

6. 凤尾绿咬鹃（*Pharomachrus mocinno*）

雄性凤尾绿咬鹃是世界上最漂亮的鸟类之一，上体、头部和上胸部覆盖着金属色泽的绿羽毛，下胸部和腹部则是胭脂红色。初级飞羽会遮住尾部。尾羽为白色，中央尾羽为黑色，繁殖期会长出长长的尾羽。凤尾绿咬鹃曾经是玛雅人和阿兹特克人的圣鸟，其长羽毛被用来装饰国王的头饰。如今，凤尾绿咬鹃是危地马拉的国家象征，该国的货币格查尔就得名于这种鸟。

体长：雄鸟可达100～105厘米（包含长尾羽在内），雌鸟36～40厘米

体重：180～250克

雌鸟：羽毛色泽更深，头部为绿褐色、无羽冠，尾羽带横纹。

喙细长且弯曲、呈黑色，眼后有小白斑，脚爪为黑色。

7. 紫刀翅蜂鸟（*Campylopterus hemileucurus*）

紫刀翅蜂鸟是较大的蜂鸟，喙长且微微向下弯曲。雄鸟的羽毛主要呈深紫色，肩部和背部是带金属光泽的深绿色。雌鸟上体为深绿色，下体为灰色，喉部颜色发紫。雌鸟和雄鸟的尾羽均为黑色，但外侧的3枚是半黑半白。与所有蜂鸟相同，紫刀翅蜂鸟以花蜜为食，特别是香蕉和蝎尾蕉的花蜜。它们的攻击性比其他蜂鸟小，很少守卫花丛。

体长：13～15厘米

体重：雄鸟11.8克，雌鸟9.5克

8. 大蜂鸟（*Eugenes fulgens*）

大蜂鸟是高海拔森林中体形最大的蜂鸟之一。雄鸟上体和胸部呈深青铜色，头部为黑色，羽冠为紫色，喉部为亮绿色，眼后有白斑。雌鸟的上体、头部和羽冠皆为青铜色，下体为灰色，喉部有鳞片状斑点。喙长直且细薄。雄鸟会在繁殖期捍卫巨蓟的花朵。大蜂鸟主要吸食西番莲和倒挂金钟等植物的花蜜。

体长：11～13厘米　**体重**：7～7.5克

喙长且直、呈黑色，眼后有白斑，脚爪为黑色。

9. 红喉林星蜂鸟（*Calliphlox bryantae*）

红喉林星蜂鸟是体形较小的蜂鸟，以燕尾为特点，外侧尾羽又细又长。雄鸟上体为青绿色，背部有两个奶白色的斑点，胸部呈绿色，腹部偏红，一条醒目的白色颈环将胸部和喉部隔开。雌鸟的羽色与雄鸟相似，但色泽略暗，喉部为奶白色，尾羽较短且末端分叉。红喉林星蜂鸟以各种树木、灌木和草本植物的花蜜为食，并在开花时节守卫其觅食领地。

体长： 7.5～9厘米　**体重：** 雄鸟3.3克，雌鸟3.5克

> 喙为黑色、长且细，脚爪为黑色，眼后有白斑。

> 前额为亮白色，侧尾羽的颜色发白，喙和脚爪均为黑色。

10. 白顶蜂鸟（*Microchera albocoronata*）

白顶蜂鸟是喙短、尾部也短的蜂鸟。雄鸟很容易辨识，它们的羽毛主要为酒红色，前额为亮白色，尾羽为青铜色，侧尾羽发白、末端有明显的褐色。雌鸟上体为绿色，下体为白色。白顶蜂鸟以多种树木的小花为食，因为其短喙只能采集小花中的花蜜。雄鸟经常捍卫摄食领地，但很容易被体形更大的蜂鸟赶走。

体长： 6～6.5厘米　**体重：** 2.5克

11. 火喉蜂鸟（*Panterpe insignis*）

火喉蜂鸟有着极为绚烂明亮的羽毛，在光线的照耀下更显优美。火喉蜂鸟的羽毛主要为绿色，肩部和下体的绿色更鲜亮，头部为黑色，头顶呈天蓝色，眼后有白斑，喉部是明亮的橙红色，胸部中央有明显的蓝紫色斑点，尾羽呈蓝紫色。雌鸟和雄鸟外形相似。它们主要吸食树干上生长的附生花的花蜜。它们经常奋不顾身保卫自己觅食范围内富含花蜜的花朵。

体长： 10.5～11厘米　**体重：** 雄鸟5.9～6.2克，雌鸟4.9～5.2克

> 喙细长且直，脚爪呈褐色或肉色，眼后有白斑。

12. 橙腹美洲咬鹃
（*Trogon aurantiiventris*）

虽然橙腹美洲咬鹃属于咬鹃目，但羽毛的绚丽程度远远不及这一家族的其他成员。雄鸟上体和胸部均为绿色，面部和喉部为黑色，腹部为橙色，一条细白条纹将胸部和腹部分开。翅膀为深灰色，飞羽上有白色细横纹，绿色尾羽带有金属光泽和黑白横纹。主要以水果为食，但也捕捉昆虫，在树洞内筑巢。

体长： 25～29厘米　**体重：** 41～70克

喙短而粗、呈黄色，眼睛为黑色，脚爪为灰色或浅褐色。

13. 厚嘴巨嘴鸟
（*Ramphastos sulfuratus*）

所有巨嘴鸟都有极具特点的喙，巨大且多彩。厚嘴巨嘴鸟的喙包含绿色、天蓝色和橙色，尖端为暗红色，基部有黑色线条。体羽色彩同样丰富，身体大部分是黑色，肩部为渐变的深棕色，颈部、面部、喉部和胸部呈亮黄色，臀部为白色，尾下覆羽为红色，胸部下方有一条细纹。厚嘴巨嘴鸟以种子、浆果和水果为食。

体长： 46～51厘米

体重： 雄鸟275～550克，雌鸟250～500克

喙巨大且多彩，眼睛为橄榄色，眼周皮肤裸露并呈蓝绿色，脚爪为天蓝色。

14. 肉垂钟伞鸟（*Procnias tricarunculatus*）

"钟"指的是雄鸟的歌声，其金属质感的嗓音在500米之外也能听到。雄鸟有三个下垂的黑色肉垂，形似肉虫，位于喙两侧及其上方。肉垂钟伞鸟雌雄外观差异很大：雄鸟的身体为黄褐色，头部、颈部、喉部和胸部上方皆为白色；雌鸟上体为橄榄色，下体为黄色且带斑点。在繁殖期，雄鸟会站在高大的树上长时间纵情歌唱，此时能看到其全黑的口腔。

体长： 雄鸟30厘米，雌鸟25厘米
体重： 雄鸟210克，雌鸟145克

> 雄鸟：喙内外皆为黑色，喙和眼睛之间裸露的皮肤为灰色。

> 雌鸟：羽毛为橄榄色和黄色，喙为黑色，脚爪为深灰色。

> 眼睛为深褐色，眼周有一圈裸露的白色皮肤，喙的颜色浅、形状如角，脚爪呈灰色。

15. 黄翅鹦哥（*Pyrrhura hoffmanni*）

黄翅鹦哥是中型鹦鹉。背部为深绿色，头部、颈部和胸部为绿色并带有黄色光泽，耳侧有深红色斑点，初级飞羽为天蓝色，次级飞羽为亮黄色，尾羽内侧为红色。喜欢集群行动，在林间寻找食物。特别喜欢吃水果和种子，擅长用坚硬的喙咬碎种子。在天然树洞或啄木鸟废弃的巢穴中筑巢。

体长： 23～24厘米　**体重：** 82克

16. 翠绿唐加拉雀（*Tangara florida*）

翠绿唐加拉雀的面部、喉部、胸部和臀部都是明亮的翠绿色，枕部和背部为渐变的浅黄色，臀部为亮黄色，下腹部的黄色更深。喙基部和耳羽皆为黑色，肩部和背部有长条纹。初级飞羽为黑色，次级飞羽和尾羽为黑色镶绿边。雌鸟的体羽颜色更深。它们经常和其他小型鸟类一起寻找昆虫、蜘蛛和小果实。

体长： 12厘米　**体重：** 16.5～20.5克

17. 金头唐加拉雀（*Stilpnia larvata*）

金头唐加拉雀的羽毛极为丰富多彩，面部有形似面具的黑斑，与头部其他彩羽形成鲜明对比，喉部、颈部为赭红色，前额和面颊则是蓝紫色。胸部和上体为黑色，腹部、臀部和三级飞羽则是天蓝色，但下腹部颜色发白。尾羽和翅羽为黑色镶蓝边。主要以果实和种子为食，有时也捕捉在叶子上爬行或空中飞行的昆虫。

体长： 12厘米　**体重：** 17.1～23.9克

18. 红腿锥嘴雀（*Dacnis venusta*）

红腿锥嘴雀是唐加拉雀家族中的一员，虽然是小型鸟类，但羽毛十分鲜艳。它们的颜色主要为黑色和绿松石色，只有腿部的羽毛是红色，看起来就像穿了一条红裤子。它们的面部、喉部、胸部、腹部、翅膀和尾部都是亮黑色，而头部和上体为孔雀蓝色。雌鸟的羽毛颜色更深，上体为绿色，下体为灰褐色。它们经常与其他种类的唐加拉雀聚在一起寻找果实和种子。

体长： 12厘米　**体重：** 15～17克

19. 尖嘴拟䴕（*Semnornis frantzii*）

尖嘴拟䴕身体结实，翅膀和尾部较短，脚爪强健有力，喙大而坚硬，像啄木鸟那样在树干中筑巢。羽毛基本为橄榄色，上体皆为此色，翅膀和尾羽则是赭黄色，前额、面颊、喉部和胸部也是深浅不一的赭黄色，腹部为浅橄榄色。胸部两侧各有一处灰斑，喙和眼周有面具般的黑色斑纹。尖嘴拟䴕繁殖期领地意识极强，特别是在夫妻共同抚育雏鸟的时候。其他时间则经常群居在一起，甚至夜晚也会十几只鸟在同一个巢穴里休息。

体长: 18厘米 **体重:** 54.5～72克

眼睛为红色，喙短而大、呈灰蓝色，脚爪为橄榄色。

眼睛大且黑，喙黑而尖，脚爪为炭黑色。

20. 黑领鸲莺（*Myioborus torquatus*）

黑领鸲莺是黑黄色的小型鸟类，它们会在危急或兴奋时立起醒目的橙红色羽冠。面部、喉部和腹部是亮黄色，前额、枕部、上体和一条贯穿胸前的条纹都是黑色。翅膀和尾羽也是黑色，但下腹部却是白色。雄鸟和雌鸟体形相似，夫妻俩全年生活在一起。它们栖息在茂密的山区森林中，捕食在叶子上爬行或空中飞行的昆虫。

体长: 13厘米 **体重:** 10.5克

21. 栗头唐加拉雀（*Tangara gyrola*）

栗头唐加拉雀的羽毛主要是绿色和蓝色，头部的栗色十分醒目。背部、飞羽和臀部是翠绿色，颈部下方有一条浅色细纹，肩部有金黄色斑点。胸部和腹部为孔雀蓝色，下腹部是绿色，腿部偏红。雌鸟与雄鸟的羽色相似，但是颜色略暗。夫妻俩或家庭成员经常一起活动，还会和其他唐加拉雀以及小型鸟类结伴同行。它们主要以种子、小果实和昆虫为食。

体长: 12厘米 **体重:** 17.5～26.5克

眼睛为黑色，喙为黑色、基部颜色略浅，脚爪为肉色。

巴西潘塔纳尔湿地的鸟类

南美洲

潘塔纳尔（名字来源于葡萄牙语的"泥潭、沼泽"）是一个周期性受洪水影响的广阔平原，位于巴西、巴拉圭和玻利维亚三国交界处。面积约有 15 万平方千米，是意大利国土面积的一半。雨季从每年十月开始并持续数月，这片土地因此逐渐被周围高地汇聚的河水淹没，河水最终流向巴拉圭河。在洪水的高峰期，这里超过 80% 的土地会被水覆盖，大平原变成无数个沼泽、运河、因地面起伏而形成的小水池，未被水淹没的地方则会长出灌木丛和树木。这是地球上最大的湿地生态系统，拥有世界上最多的动植物种类。调查显示，这里有 3500 种不同的植物，约 300 种哺乳动物，共计 1000 种留鸟和候鸟，480 种爬行动物和 400 种鱼，更不要说成千上万种昆虫和其他无脊椎动物了。哺乳动物包括生活在河边森林中的美洲豹、大食蚁兽、貘、水豚、巨水獭。爬行动物除了凯门鳄（1996 年统计其数量超过 1000 万只），还有 4 米多长的金色水蟒和绿鬣蜥。

鸟类包括裸颈鹳、粉红琵鹭和翠鸟等，典型的湿地生态系统使它们可以找到丰富的食物：浅水中生活的鱼类、两栖动物和爬行动物。未被水淹没的小树林和大草原也是众多生物的家园，如巨嘴鸟（如左图），以及因为偷猎而濒临灭绝的纯蓝色鹦鹉——紫蓝金刚鹦鹉，它们被人类抓捕并在市场上出售。

1. 粉红琵鹭（*Platalea ajaja*）

粉红琵鹭的喙又长又扁，前端扩大成匙状，就像刮刀一样，可以过滤泥水，只把甲壳类动物、水生昆虫、蝌蚪和小鱼留在口中。粉红琵鹭的羽毛自然是粉红色，但会随着年龄增长和季节变化有深浅之分。翅膀和尾部为粉红色，喉部、背部和下体为白色，胸前也是一片粉红色。头部无毛，皮肤呈浅绿色或浅黄色。粉红琵鹭是群居动物，经常成群结队地和其他鸟类共同觅食，它们将喙浸在水中并缓慢地左右移动，用这种方法搜寻食物。

体长： 68～86厘米　**体重：** 1150～1400克

> 喙为灰色，脚爪为粉红色，头顶皮肤裸露，眼睛为橙色。

> 颈部裸露，呈黑色并有红色底圈；喙大且黑，微微向上翘起；脚爪为黑色。

2. 裸颈鹳（*Jabiru mycteria*）

裸颈鹳是潘塔纳尔湿地常见的鸟类。体形巨大，羽毛雪白，颈部乌黑，很容易就能分辨出来。它们喜欢在沼泽的浅水区漫步，随时准备用大而尖的喙刺穿鳗鱼和其他鱼类的身体。其属名"*jabiru*"来源于印第安语，意为"肿胀的脖子"，这确实是大型鹳的最大特征。它们的颈部裸露，皮肤乌黑，颈部下方有一圈红环，整个颈部显得十分肿胀。裸颈鹳经常光顾水塘和沼泽，它们会将鸟巢筑在高树的树枝上或小树林中。

体长： 122～144厘米

体重： 雄鸟5900～8100克，雌鸟4300～6350克

3. 肉垂水雉（*Jacana jacana*）

肉垂水雉的上体、颈部和头部均为黑色，背部和翅膀的覆羽为板栗色。尾羽为黄绿色，只有飞行时能看见。喙为黄色，基部有红色角质，两侧有肉瘤。脚趾非常长，为其在睡莲叶上行走提供了稳固的支撑。雌鸟体形更大，在交配时占主导地位，雌鸟之间会发生战斗，以此来征服雄鸟。雄鸟负责孵蛋和照料雏鸟，而雌鸟则负责守卫领地。

体长： 21～25厘米

体重： 雄鸟81～118克，雌鸟129～151克

> 喙为黄色，基部为红色。两侧有红色肉瘤；眼睛为黑色。

4. 黑尾鹳（*Ciconia maguari*）

面部和喉部的皮肤裸露且呈红色，喙为灰蓝色、尖端为棕色，眼睛为柠檬黄色或奶油色，脚爪为红色。

黑尾鹳是大型鹳类，身体为白色，只有飞羽和尾羽为黑色。尾部短且分叉。面部和喉部裸露着红色皮肤，喙厚而尖、尖端呈棕色。黑尾鹳经常在浅水沼泽捕捉鱼类、两栖动物、蛇、老鼠和小鸟。与其他鹳类的不同之处在于，它们不在树上筑巢，而是在岸边茂密的芦苇丛中筑巢。几对夫妻经常相邻筑巢。

体长：97～110厘米　**体重**：3800～4200克

5. 棕腹鱼狗（*Megaceryle torquata*）

喙为灰色、基部为白色，眼睛为棕色，腿短，脚爪为黄色。

棕腹鱼狗是美洲大陆最大的翠鸟。喙粗且直、长而尖，头顶的羽冠从喙基部延伸至颈部。上体灰蓝色，下体锈红色。雌鸟胸前有一条蓝灰色宽纹，且雌鸟和雄鸟的颈部都有醒目的白色环纹。棕腹鱼狗生活在河流、湖泊和其他水域附近，会潜入水中捕鱼。在河岸的堤坝上筑巢，它们的巢是用喙挖掘的隧道式洞穴。

体长：38～42厘米　**体重**：255～300克

6. 冠叫鸭（*Chauna torquata*）

眼睛为褐色或橙褐色，眼周为红色，喙为灰褐色，脚爪为粉红色。

冠叫鸭是鹅和鸭的亲戚，但外观却与它们完全不同。冠叫鸭有灰色的羽毛，褐色的翅膀。头部相对于身体显小，喙短而尖，枕部有一个短羽冠，颈部下方有黑白双环。翅膀上有两个尖刺，用作防御武器。脚爪非常健壮，趾间部分带蹼。冠叫鸭因其类似小号的嘹亮叫声得名，其叫声可以传到3千米以外的地方。

体长：80～95厘米　**体重**：2700～4400克

7. 日鳽（*Eurypyga helias*）

日鳽身体修长，腿部较短，颈部细长，头部小，眼睛上下各有一条醒目的白纹，喙细长。羽毛呈斑驳的灰色、棕色和白色，平时并不起眼，但是当翅膀和尾羽展开时，就会显现出巨大的黄褐色、黑色和红色斑点，十分漂亮。日鳽展开翅膀并非为了求偶，而是遇到威胁时的示威手段，以此让身体更庞大，翅膀上的块斑犹如巨大的"眼睛"，可以起到震慑对手的作用。

体长：43～48厘米　**体重**：188～295克

上喙为棕黑色、下喙为橙色，眼睛为红色，脚爪为橙色。

8. 棕尾鹟䴕（*Galbula ruficauda*）

棕尾鹟䴕是小型鸟类，尾长、喙细长而尖直。上体、胸部和中央尾羽是带金属光泽的绿色，剩余的尾羽和下体则是锈红色，颔和喉部为白色，眼周有面具般的黑色斑纹。棕尾鹟䴕经常在林间活动，以蝴蝶、蜻蜓和黄蜂等飞虫为食，吞下猎物之前，它们会先摘下猎物的翅膀。

体长：19～25厘米　**体重**：18～28克

9. 红腿叫鹤（*Cariama cristata*）

红腿叫鹤是体态纤细，有着长腿、长尾和细长脖子的大型鸟类。上体为棕色，头部、颈部和胸部的颜色较浅，腹部为白色。尾部有黑色横纹，末端为白色。头部的特征是喙和前额之间有一簇柔软的羽冠。红腿叫鹤生活在草原上，独居或以小家庭为单位集群生活，捕食昆虫、蜥蜴、蛇和小型啮齿动物。

体长：75～90厘米　**体重**：1500～2225克

喙细长、呈黑色，眼睛为棕色，跗跖为暗黄色，脚爪为灰棕色。

腿很长，跗跖为红色。喙为红色，喙和前额之间有稀疏的羽冠，眼睛为浅黄色。

10. 凤头巨隼（*Caracara plancus*）

凤头巨隼是隼家族中的一种猛禽，它们是活跃的机会主义捕食者，喜欢食腐，经常到垃圾填埋场觅食，还会去其他鸟类的巢中盗取鸟蛋或抓走雏鸟，甚至连昆虫也不放过。头顶、腹部、腿部、翅膀和尾部末端皆为棕黑色，胸部、背部和尾羽上端有黑白条纹，初级飞羽颜色略浅。喉部和脸颊为白色，头部和延伸的羽冠均为黑色，羽冠通常很短。

体长：50～64厘米　**体重**：1150～1600克

11. 绒冠蓝鸦（*Cyanocorax chrysops*）

绒冠蓝鸦是蓝鸦家族中的一员，该家族鸟类的特点是都有黑色、蓝紫色和黄色羽毛，以及亮黄色眼睛。绒冠蓝鸦的头部、颈部和胸部上方都是黑色，眼周和颈部有或深或浅的蓝色斑点，头顶有毛刷般的短羽冠。背部翅膀是深蓝紫色，尾羽基部为深蓝紫色、末端为浅黄色，胸部下方和腹部呈奶黄色。绒冠蓝鸦是群居鸟类，经常十几只结伴觅食，主要以昆虫和果实为食。

体长： 32～35厘米　**体重：** 127～170克

12. 圭拉鹃（*Guira guira*）

圭拉鹃是中型鸟类，尾部较长，额头上有华丽的羽冠。上体呈棕色且夹杂白色，下体和臀部是斑驳的浅麂皮色。圭拉鹃出没在牧场和沼泽地带，在稀疏的树林或灌木丛中筑巢。与其他杜鹃不同，圭拉鹃并不会在其他鸟的巢中产蛋，它们会自己孵化并养育雏鸟。它们经常成群结队地捕捉昆虫、蜘蛛、青蛙、老鼠和小鸟。

体长： 36～42厘米　**体重：** 103～168克

> 面部裸露、有蜡膜、呈黄色或橙色，喙为灰色，跗跖为黄色。

> 眼睛为亮黄色，喙和脚爪呈黑色，短羽冠从前额延伸到颈部。

> 眼睛和喙为橙色，眼周为黄色，脚爪为深灰色。

13. 红嘴镰嘴䴕雀 (*Campylorhamphus trochilirostris*)

红嘴镰嘴䴕雀的喙像蜂鸟一样呈弯刀状，但与蜂鸟并无亲缘关系，它们属于攀禽，能够沿着树干和树枝移动。喙极长，便于在树皮裂缝、苔藓和地衣覆盖的树枝中翻找食物，捕获藏身于此的小猎物，特别是蜘蛛、蚂蚁、昆虫的幼虫和卵。通体黄褐色，头部、颈部和胸部有白色条纹。经常在潮湿的树林出没，在天然树洞或啄木鸟废弃的巢穴中安家。

体长： 22～28厘米　**体重：** 30～55克

> 喙细长且弯曲，眼睛为黑色，脚爪为灰棕色。

14. 巨嘴鸟 (*Ramphastos toco*)

巨嘴鸟是巨嘴鸟科最大的一种。栖息在大草原上，群落分布在各个能找到果实的树林中。羽毛为光亮的黑色，喉部和臀部为白色，尾下覆羽为红色。喙为橙黄色，基部有黑环，喙尖有一个黑点。喙虽然很大，但重量轻，这样的喙有利于它们站在最细的树枝上采食果实，此外还有调节体温、散发多余热量的功能。

体长： 55～61厘米　**体重：** 500～860克

> 眼睛为棕色，眼圈为蓝色，面部皮肤裸露、呈橙色，脚爪为天蓝色。

15. 朱冠啄木鸟 (*Campephilus melanoleucos*)

朱冠啄木鸟种加词中的"*melanoleucos*"意为"白与黑"，但事实上它们最鲜明的特征是头部鲜红色的羽毛和同色羽冠。身体主要为黑色，两条白色条纹从颈部延伸到背部，臀部、胸部和腹部都是浅麂皮色且密布着黑色条纹。喙下和脸颊下方的斑点皆为白色。雌鸟的前额和羽冠前面为黑色，面部两侧各有一条白色条纹，条纹自喙部延伸至颈部，并与颈部条纹融合。

体长： 33～38厘米　**体重：** 181～284克

16. 紫蓝金刚鹦鹉
(*Anodorhynchus hyacinthinus*)

紫蓝金刚鹦鹉是世界上最大的鹦鹉。通体蓝色，只在翅膀下方有少量黑色羽毛。全身共有两处裸露的皮肤，分别位于喙下方和眼睛周围，裸露的皮肤呈鲜黄色。喙非常大且十分坚硬，能够咬碎核桃和棕榈果的硬壳，这两种食物也是它们主要的营养来源。紫蓝金刚鹦鹉在树洞中筑巢。由于栖息地被破坏以及大量捕捉和售卖行为，导致其濒临灭绝。如今，得益于保护计划和设置人工鸟巢，该物种数量得以轻微恢复。

体长: 100厘米　**体重:** 1435～1695克

喙为黑色、巨大且弯曲，眼睛为黑色，尾羽长而尖。

雄鸟：眼睛为白色或黄色，喙为白色或灰色，脚爪为灰褐色。

雌鸟：前额和羽冠前面为黑色，面部两侧有白色条纹。

眼睛为白色，眼周有灰蓝色裸露的皮肤，脚爪为深灰色。

17. 金红嘴蜂鸟（*Hylocharis chrysura*）

金红嘴蜂鸟广泛分布于稀树草原。身上大部分是带金色虹彩的绿羽毛，腹部呈白色或浅棕色，飞羽颜色较深，尾羽为金色。喙细长，呈珊瑚红色，尖端为黑色。以多种花蜜为食，也捕食昆虫。雄鸟有领地意识，会积极地保卫自己领地上的花朵，驱逐试图靠近并吸食花蜜的其他蜂鸟和大型昆虫。

体长：8～10厘米　**体重**：4～5克

喙细长且微微弯曲，眼睛为黑色，眼后有白色斑点。

18. 栗耳簇舌巨嘴鸟（*Pteroglossus castanotis*）

栗耳簇舌巨嘴鸟属于巨嘴鸟家族，但它们的体形更纤细，喙也没有大到出奇。它们是非常多彩的鸟类，上体和喉部为黑色，面部为深棕色，肩部、翅膀和尾部为绿色，背部和腿部为深栗色，下体为黄色并带有一条栗色腰斑。喙黑黄相间，基部有明亮的红色斑点，喙缘呈明显的锯齿状，排列着黑色和黄色方格形斑纹。栖息在树林和沼泽地的树丛里，主要以果实为食，有时也会吃昆虫、花蜜和种子。

体长：43～47厘米　**体重**：220～310克

雌鸟：羽冠为黑白色，面部裸露的皮肤为灰色。

19. 裸面凤冠雉（*Crax fasciolata*）

　　裸面凤冠雉是尾部又长又方的大型鸟类，看起来像野鸡。这种鸟的面部皮肤大部分裸露，其最明显的特征是从前额延伸到颈部的羽冠。雄鸟通体黑色，只有下腹部为白色。雌鸟的脖子和胸部为黑色，但背部、翅膀和尾部有黑白相间的条纹，下体为肉桂色且带有稀疏的黑色条纹，羽冠也是黑白两色。裸面凤冠雉栖息在潮湿的密林中，主要以掉落在地上的果实、种子和花朵为食。

体长： 75～85厘米
体重： 雄鸟2700～2800克，雌鸟2700克

> 雄鸟：羽冠突起、呈红色，喙为黑色，眼睛为红棕色，脚爪为浅玫红色。

> 雌鸟：体羽呈橄榄色，前额的羽冠不太明显。

> 雄鸟：眼睛为红棕色，脚爪为黑色，喙的尖端为黑色并有黄色蜡基。

20. 盔娇鹟（*Antilophia galeata*）

　　盔娇鹟是小型鸟类，生活在潮湿的森林和水源附近的树林中。雄鸟通体黑色，从前额到背部有十分醒目的红色羽冠，像是战士的头盔，其名字便来源于此。雌鸟不同于雄鸟，它们的体羽呈橄榄色，头顶的羽冠较小。蓝娇鹟的领地意识很强，雄鸟一刻不停地保卫着自己的领地。

体长： 13.9～14.5厘米　　**体重：** 18～26.5克

撒哈拉沙漠的鸟类

当我们想到撒哈拉沙漠时,首先脑海中浮现的景象便是被太阳炙烤的沙漠和沙丘,我们会主观地认为生命无法在这样极端的环境中生存,但实际上,撒哈拉沙漠中生活着许多物种。那里除了一望无垠的沙丘,还有岩石和可以生长植物的石漠,以及一些有水源的绿洲。当然,为了生存,沙漠生物必须演化出非常特殊的技能,以适应极端的自然环境。许多沙漠动物都演化出夜间活动的能力,白天在避光的石头下或地下休息,当太阳落山、温度降低时才开始活动。然而,鸟类无法在地下生活,它们白天仍然到处活动。为了躲避掠食者,沙漠的鸟类

非洲

大多长有像乳色走鸻（如下图）那样的沙色羽毛。许多撒哈拉鸟类以沙漠中生长的少量植物的种子为食，还有一些捕捉昆虫、蝎子或小型爬行动物。也有一些鸟类是掠食者，例如，地中海隼会捕食其他鸟类，荒漠雕鸮会在夜间狩猎沙鼠这样的小型啮齿类动物、鸟类、爬行动物、大型昆虫和蝎子。

对所有物种来说，最重要的就是水。很多鸟类会设法从种子或其猎杀的动物体内获取水分。另一些则需要飞行数十千米到水源地饮水。孵化期是特殊时期，鸟类除了自己饮水，还会把羽毛浸湿，以便喂养雏鸟或降低鸟蛋温度。

1. 荒漠雕鸮（*Bubo ascalaphus*）

虽然荒漠雕鸮是雕鸮属最小的成员，但它们仍然是强壮的鸟类，它们拥有强有力的脚爪。荒漠雕鸮广泛分布于摩洛哥至埃及的北非沙漠带，它们在岩壁裂缝和洞穴中筑巢。夜间活跃，狩猎各种各样的猎物：啮齿动物、鸟类、蜥蜴、蛇、蝎子和大型昆虫等。头部和上体羽毛呈棕黄色，并带有棕色条纹和白色斑点，下体为浅鹿皮色，胸部有黑色斑纹，腹部有红色细纹。

体长： 46～50厘米

体重： 雄鸟1900克，雌鸟2300克

① 50厘米

眼睛为黄色，喙为深色，颈部为白色并带有黑色竖条纹。

2. 翎颌鸨（*Chlamydotis undulata*）

翎颌鸨是脖子细，身体修长，尾部长且脚爪强壮的大型鸟类。翅膀巨大，飞行时强而有力，但它们很少飞行，它们会将大部分时间用在走路上，甚至走几千米寻找种子、大型昆虫、蜥蜴和蛇。遇到危险时，它们会贴近地面，利用上体斑驳的迷彩羽毛将自己与地面上的灌木和黄沙融为一体。雌鸟和雄鸟外观相似，但雄鸟体形更大，羽毛颜色更鲜艳，头部较白，颈部两侧的黑条纹饰羽更明显。雄鸟会在繁殖期表演壮观的求爱舞，将颈部和头部羽毛立起来以吸引雌性。

体长： 65～75厘米

体重： 1200～3200克

3. 地中海隼(*Falco biarmicus*)

地中海隼是中型隼，栖息在干旱地区和半沙漠地带，在岩石壁上筑巢。上体为灰褐色，并带有深色横纹，下体颜色较浅，胸部有深色雨滴形斑点，腿部有黑色细纹，尾部有灰色条纹。头顶为奶油色或偏红的颜色，脸颊为白色并有黑色胡须状斑纹。雌雄外观相似。地中海隼主要捕食鸽子大小的鸟类，通常在空中直接抓捕，夫妻经常一起行动。

体长: 39～48厘米
体重: 雄鸟430～600克，雌鸟700～900克

> 眼后有黑色条纹，白色脸颊和白色喉部之间有黑色胡须状斑纹，眼周为黄色。

③ 48厘米

> 喙又细又弯，枕部为灰蓝色，头部有黑白条纹，脚爪的颜色偏白。

4. 乳色走鸻(*Cursorius cursor*)

乳色走鸻的腿很长，擅长快速奔跑，其间只需要短暂休息。它们一边走一边寻找昆虫、其他无脊椎动物和小蜥蜴。上体覆盖着柔和的沙色羽毛，下体颜色较浅，枕部为灰蓝色。长长的白色眉纹与眼后的黑色条纹平行向后延伸，在头部后方相交形成V字形。只在飞行时才会显露出飞羽和翅膀下部的黑色羽毛。

体长: 20～25厘米　**体重:** 100～120克

④ 25厘米

5. 黑䳭(*Oenanthe leucopyga*)

黑䳭是小型鸟类。雌鸟和雄鸟体形相似，羽毛整体为黑色，头顶、枕部、臀部和大部分尾羽皆为白色，中央尾羽是黑色。黑䳭广泛分布于干旱的岩石沙漠中，它们会在巨石或低矮的灌木上停留，随时准备捕捉猎物，因此很容易被人们观察到。它们主要捕食空中或地面上的昆虫，也以小型爬行动物和种子为食。

体长: 17～18.5厘米　**体重:** 23～39克

6. 沙雀(*Bucanetes githagineus*)

沙雀是生活在干旱和多岩地区的小型鸟类，以小号一样的鸣叫声闻名。喙厚实而坚硬，非常适合咬碎种子，而它们的主要食物也是种子。雄鸟的头部和颈部为灰色，背部为棕色，臀部和下体是粉红色，飞羽边缘和尾羽边缘也都是粉红色。喙呈玫红色，脚爪为肉色。雌鸟羽毛颜色更暗，偏灰褐色，粉红色羽毛分布较少。

体长: 11.5～13厘米　**体重:** 16～25克

⑥ 13厘米

> 体羽为黑白两色，脚爪为黑色，中央尾羽为黑色，其余尾羽为白色。

⑤ 18.5厘米

> 头圆且大，喙厚而硬、呈玫红色，眼睛为黑色，脚爪为肉色。

7. 白腹沙鸡（*Pterocles alchata*）

白腹沙鸡体形中等，身体紧实，头部较小，羽毛具有保护色，中央尾羽长而尖。雌鸟和雄鸟的共同点是腹部皆为白色，胸部有镶黑边的黄褐色带纹；不同点是雄鸟上体的斑点为黄色，雌鸟则为褐色，二者头部和颈部的花纹也略有不同。白腹沙鸡生活在树木稀少的干旱和半干旱地区，主要以种子为食，每天都要飞到较远的水源地饮水。

体长： 30～40厘米　**体重：** 210～410克

白腹沙鸡在地面凹陷处筑巢，夫妻轮流孵化和喂养雏鸟。雄鸟每天都会飞到几千米外的水源地，将肚子浸入水中，待羽毛像海绵一样吸满水后，再飞回巢中用腹部湿软的羽毛给雏鸟喂水。

肯尼亚和坦桑尼亚大草原的鸟类

赤道以南的非洲东部,在肯尼亚和坦桑尼亚之间延绵着无尽的热带草原,草原上点缀着多刺灌木丛和稀疏的树木(主要是伞形金合欢树和猴面包树)。树木只有在少数河流沿岸才能获取生长所需的充足水分,形成狭窄的茂密树林带。该地区的气候特点是漫长的雨季和同样漫长的旱季,而温度从不会降得很低,所以种子、昆虫、蜥蜴和小型哺乳动物一直络绎不绝。稀树草原以大型哺乳动物闻名:狮子和猎豹,鬣狗和水牛,大象和犀牛,羚羊和瞪羚。这里也是众多鸟类的理想栖息地。有些鸟类在高高的草丛中寻找食物;有些鸟类站在丛林的顶端或是突出的树枝上,随时准备冲下去捕捉昆虫或蜥蜴;有些鸟类,如秃鹫或非洲秃鹳,则会挤

非洲

在自然死亡或被捕食者杀死的动物尸体旁争夺腐肉。

在接下来的几页中，我们会为你介绍生活在大草原的数百种物种中最典型、最多彩或最特别的几种。例如，世界上最大的鸟——鸵鸟（图中奔跑的鸟），它们的身体很沉重以至于无法飞行，却能快速奔跑几千米。蛇鹫是腿很长、头顶有羽冠的奇特猛禽，也是真正的捕蛇专家，即使毒蛇也难不倒它们，它们捕猎时会张开盾一样的翅膀保护自己避免被咬伤。红嘴牛椋鸟通常落在斑马、水牛、长颈鹿和大羚羊背上，以这些动物皮毛中的寄生虫为食。还有色彩缤纷的紫胸佛法僧（图中飞行的鸟）。

1. 皱脸秃鹫（Torgos tracheliotos）

皱脸秃鹫是最大的秃鹫之一，其特点是裸露在头部两侧的粉色肉垂，这也是其名字由来的原因。同许多秃鹫一样，皱脸秃鹫头部裸露是为了方便清洁皮肤。上体是均匀的棕色，下体为棕色带白斑，飞行时可见腿部和翅膀下方的白色羽毛。喙大且呈钩状，能毫不费力地撕开大型哺乳动物的皮肤。皱脸秃鹫通常会等其他秃鹫离开动物尸体后，再专注地吃掉尸身上剩余的皮肤、肌腱和难以下咽的部分。

体长： 95～115厘米　**体重：** 5400～9400克

喙大、呈楔形，头部和颈部没有羽毛，喙下有红色大喉囊。

2. 非洲秃鹳（Leptoptilos crumenifer）

非洲秃鹳是草原上无法被忽视的存在。它们的上体呈深灰色，下体较白，尤其令人惊叹的是它们裸露的颈部和头部，同很多草原鸟类一样，它们也是食腐动物。裸露的皮肤呈灰红色，喙下挂着一个红色大喉囊。虽然这种鸟在地面行走时的姿势很笨拙，但飞行时却优雅而轻盈，翼展可达300厘米。它们是群居鸟类。主要以垃圾为食，甚至会到村庄附近寻找食物，并与秃鹫一同分食大型哺乳动物的尸体。

体长： 150厘米　**体重：** 4500～8000克

3. 非洲鸵鸟（Struthio camelus）

非洲鸵鸟是世界上最大的鸟，成年雄鸟体重可达150千克。因为身体太重而无法飞行，翅膀很短，没有刚性羽毛。它们擅长奔跑，腿部十分强壮。非洲鸵鸟的脚爪只有两根脚趾，趾甲非常坚硬，可以用作攻击武器。雄鸟身披黑色羽毛，翅膀和尾部为白色；雌鸟个头略小，羽毛为灰褐色。腿部无覆羽，头部和颈部也只有稀疏的羽绒。非洲鸵鸟过群居生活，一只雄鸟和几只雌鸟组成家庭，它们在一个巢中产蛋（蛋呈白色，重达1.5千克），巢中可以容纳40颗蛋，雌鸟负责白天孵化，到了夜里则由雄鸟接班。

体长： 175～275厘米

体重： 雄鸟100～156千克，雌鸟90～110千克

腿长且十分强壮，颈部非常长，头部较小，眼睛大而黑，有长睫毛。

4. 红脸地犀鸟（*Bucorvus leadbeateri*）

红脸地犀鸟是跟火鸡差不多大的鸟，羽毛黑亮（飞行时可见初级飞羽顶端的白色），眼周皮肤裸露、呈鲜红色，喉部也有一处裸露的红色松软皮肤且略微肿胀。雌鸟的喉部中央有一块蓝紫色斑点。红脸地犀鸟生活在稀树草原上，5～10只为一群，占据广阔的领地，依靠叫声互相联络。大部分时间待在地面上，抓捕蜥蜴、小蛇、蜘蛛、大型昆虫和小型哺乳动物。筑巢于古树的树洞里，群体中一些年轻个体会主动帮忙喂养雏鸟。

体长： 95～102厘米　　**体重：** 雄鸟3500～6200克，雌鸟2200～4600克

> 头部和颈部的皮肤裸露、呈红色，头颈两侧有裸露的肉垂，喙呈钩状、强而有力。

> 眼周和颈部的皮肤裸露、呈鲜红色，喙为黑色且巨大。

> 羽毛呈虹彩色，背部和翅膀为蓝绿色，喉部和上胸部为蓝色，腹部为橙红色，眼睛为奶油色。

5. 栗头丽椋鸟（*Lamprotornis superbus*）

栗头丽椋鸟就如同其名字一样美丽，它们长着五彩的羽毛，并带有令人眼花缭乱的金属光泽。背部、翅膀和尾部是蓝绿色且能反射出虹彩，喉部和上胸部呈蓝色，腹部为橙红色。一条细长的白色条纹隔开了胸部和腹部颜色，尾下覆羽亦为白色。头部是天鹅绒般的黑色，衬得奶油色的眼睛尤为分明。初级飞羽和次级飞羽上的黑色水滴状斑点连成两道条纹。栗头丽椋鸟是群居鸟类，以昆虫、种子和浆果为食。在筑巢和抚育雏鸟时，群体中的其他成鸟也会给予协助。

体长： 20厘米　　**体重：** 60～80克

6. 红嘴牛椋鸟（*Buphagus erythrorynchus*）

红嘴牛椋鸟是体形纤细的鸟类，头部、背部和喉部均为橄榄色，下体奶油色。喙短而尖，呈红色。眼睛为红色，周围是一圈裸露的黄色皮肤。凡是大型食草动物生活的地方，都能看到红嘴牛椋鸟的身影。它们终日待在斑马、长颈鹿、水牛、羚羊和犀牛等动物身上，吃虱子、苍蝇和皮毛中的寄生虫幼虫。一只红嘴牛椋鸟一天可以吃掉 100 个吸满血的蜱虫和成千上万的幼虫。它们在树洞中筑巢，巢里铺满了从宿主身上拔下来的毛发。

体长： 20 厘米　**体重：** 42 ~ 59 克

7. 猛雕（*Polemaetus bellicosus*）

猛雕是非洲最大的雕类，翼展可达 250 厘米。雌鸟和雄鸟体形相似，雌鸟体形更大。背部、头部和上胸部为灰褐色，下体其他部分为白色，并带有分散的黑色斑点。羽冠小，跗跖覆盖羽毛。在草原边缘地带的树林中筑巢，在开阔地捕食。它们常在高空中翱翔，低头俯视猎物并快速俯冲抓住猎物。它们的视力极其敏锐（是人类视力的 3 倍），甚至可以在五六千米外看到猎物。捕食大型鸟类、野兔、蹄兔、猫鼬、羚羊幼崽儿和疣猪，也捕食蛇类，甚至是毒蛇。

体长： 76～90 厘米　**体重：** 3000～6200 克

8. 裸喉鹧鸪（*Pternistis afer*）

裸喉鹧鸪身体紧实，上体为棕色，下体黑白相间并带有斑驳的灰色，眼周和喉部的皮肤裸露、呈红色，喙和跗跖亦为红色。雌鸟和雄鸟体形相似，不同之处是雄鸟跗跖后部有距。裸喉鹧鸪性情羞涩且谨慎，只有在寻找食物时才会离开栖息的灌木丛，它们以种子、植物的根和球茎为食，也吃蚂蚁、白蚁和蝗虫。夫妻终身生活在一起。在灌木丛下面的凹陷处筑巢，雌鸟一次产下 3～9 颗蛋，经过 23 天孵化，雏鸟破壳而出。亲鸟会一同陪雏鸟外出觅食。

体长： 35～40 厘米　**体重：** 雄鸟 480～1000 克，雌鸟 370～690 克

> 头部为灰褐色，有短羽冠，眼睛为亮黄色，跗跖覆盖羽毛。

> 头部和颈部的皮肤裸露，颈部有棕色羽冠，眼睛为红色，颈部下面有蓝白色长羽毛。

> 羽毛具保护色，喙和脚爪为红色，面部和喉部裸露的皮肤也为红色。

9. 鹫珠鸡（*Acryllium vulturinum*）

鹫珠鸡是体形大且圆润的鸟类，颈部较细，头部较小，尾部又长又尖。黑色的羽毛上点缀着白色斑点，胸部是钴蓝色，颈部和头部的皮肤裸露、呈蓝灰色，颈部有一圈棕色短冠。颈部下方有一条条细长的蓝白色羽毛覆盖着胸部和背部。喙坚硬且弯曲，眼睛为红色。鹫珠鸡是走禽，极少飞行，即使飞不远也飞不高，它们依然喜欢在树上过夜。20～30只个体组成一个家庭团体，一起觅食，共同保卫家园。

体长：70厘米　**体重**：1000～1650克

10. 紫胸佛法僧（*Coracias caudatus*）

紫胸佛法僧是肯尼亚的国鸟。栖息在大草原稀疏的树林中，常在高枝或灌木丛顶端观察猎物动向，伺机快速抓捕大型昆虫、蜥蜴、蝎子和小型啮齿动物。雌鸟和雄鸟体形相似，羽毛颜色丰富多彩：胸部为浅紫色并带有白色条纹，腹部为绿松石色，背部和肩部为棕色，飞羽和尾羽为蓝色，还有两条细长的黑色尾羽。雄鸟会在繁殖期表演惊人的高空俯冲、翻腾旋转等技艺。

体长：32～35厘米　**体重**：87～135克

> 前额为白色，喉部和胸部为浅紫色，尾羽为蓝色，外侧尾羽又黑又长。

11. 蛇鹫（*Sagittarius serpentarius*）

蛇鹫是外形奇特的猛禽，腿尤其长，尾部也长，颈部至头顶有20根飘逸的黑色冠羽，喙向下弯曲。雌鸟和雄鸟体形相似，身体呈浅灰色，初级飞羽为黑色，尾羽为黑白色，两根中央尾羽极长，腿上部覆盖黑色羽毛，就像穿了一条"裤子"。蛇鹫经常在大草原的草丛中长途跋涉，觅食大蜥蜴、昆虫、啮齿动物以及蛇类，甚至包括毒蛇。它们依靠用力踢腿攻击猎物，同时展开盾牌般的翅膀保护自己，跗跖覆盖的坚硬鳞片会避免其被蛇咬伤。

体长：125～150厘米　**体重**：2300～4270克

> 腿极长，颈部有黑色冠羽，眼周皮肤裸露、呈橙色。

繁殖期的雄鸟：羽毛黑亮，尾羽长且宽、呈弯曲状，肩部为栗色，喙为浅蓝色。

12. 杰氏巧织雀（*Euplectes jacksoni*）

在一年的大部分时间中，杰氏巧织雀看起来都和麻雀差不多，雄鸟和雌鸟的羽毛都是带有斑驳黑色的榛子色，喙和跗跖为肉色。但到了繁殖期，雄鸟就彻底变身了，它们会变得通体黑亮，只有肩羽、初级和次级飞羽上有斑点，还会长出又长又宽的尾羽，喙也会变成浅蓝色。此外，雄鸟还会在草地上跳跃并表演求爱舞，尾羽最长、跳得最高最快的雄鸟会得到雌鸟的青睐。

体长：雄鸟（繁殖期）28~30厘米，雌鸟14厘米

体重：雄鸟40~49克，雌鸟29~42克

13. 灰颈鹭鸨 (*Ardeotis Kori*)

灰颈鹭鸨是大型鸟类，腿部较长，尽管会飞，但大部分时间仍会待在地面上。灰颈鹭鸨栖息在撒哈拉沙漠以南的非洲大草原和稀树草原上。杂食性，吃昆虫、小型啮齿动物、蜥蜴、草、种子和果实。羽毛颜色是保护色，背部和颈部呈灰褐色并带有黑白条纹，下体为白色和黑色。雌鸟体形更小、更轻，腿部和颈部也更细。为了赢得雌鸟的青睐，雄鸟会表演华丽的求偶舞，它们会将立起的颈翎膨胀成球形，拖着翅膀并扬起尾羽。

体长： 100～150厘米

体重： 雄鸟10900～19000克，雌鸟5000～7000克

羽冠为黑色，喙为灰色，眼睛为黄色，腿为浅黄色。

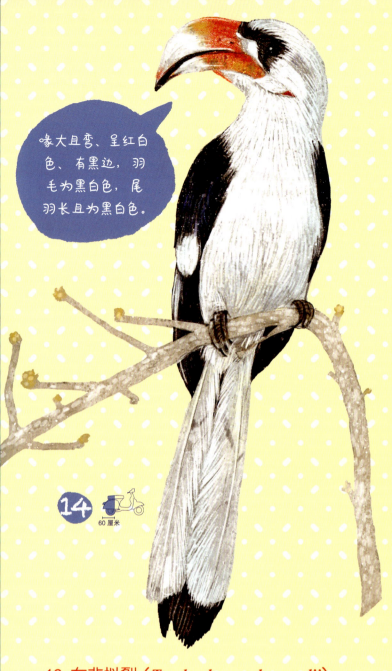

> 喙大且弯、呈红白色、有黑边，羽毛为黑白色，尾羽长且为黑白色。

14. 斑嘴弯嘴犀鸟（*Tockus deckeni*）

斑嘴弯嘴犀鸟是中型鸟类，雌鸟和雄鸟的羽毛皆为黑白色。喙大且弯，雄鸟的喙是红色和象牙白色，边缘和尖端为黑色，而雌鸟的喙则全为黑色。跟犀鸟家族的其他成员一样，斑嘴弯嘴犀鸟也有特殊的孵化行为。当雌鸟准备产卵时，就会寻找一个树洞并在里面筑巢，用泥土和排泄物将自己封闭其中，仅留下一个可以让雄鸟给自己和雏鸟投食的小孔。随着雏鸟逐渐长大，鸟巢变得越来越拥挤，雌鸟会破洞而出并重新布置鸟巢，之后亲鸟共同觅食喂养雏鸟50天左右，直至它们学会飞翔。

体长： 50～60厘米　**体重：** 雄鸟165～212克，雌鸟120～155克

15. 灰歌鹰（*Melierax poliopterus*）

灰歌鹰因繁殖期如歌般的悠扬叫声而得名。这种鸟生活在灌木丛生的干草原以及稀树草原上，时常站在高大的树木或灌木顶端。雌鸟和雄鸟体形相似，雌鸟略大。上体和胸部为烟灰色，腹部有灰色和白色相间的细横纹，尾下覆羽是白色。初级飞羽为黑色，上尾羽也为黑色，下尾羽为白色且有灰色横纹。灰歌鹰的腿比大部分猛禽的腿要长，它们经常在草地上走来走去，捕捉昆虫、老鼠和小型爬行动物。

体长： 49～55厘米　**体重：** 雄鸟514～580克，雌鸟670～800克

> 跗跖为橙红色，喙为黄色，腹部有灰色和白色相间的细横纹。

16. 东非拟䴕（*Trachyphonus darnaudii*）

东非拟䴕因为喙下方的羽毛像硬硬的胡须，所以被称为胡须拟䴕。东非拟䴕是拟䴕家族中体形较小的一类，其羽毛颜色对比强烈。背部、翅膀和尾部为棕色且布满白色斑点，下体为白色并分布着黑色斑点。脸颊、颈部和喉部为黄色并带有黑色斑点，额头黑色，尾下覆羽为红色。雌鸟羽毛颜色较暗。它们一般在树上和地面寻找食物，吃果实及其种子、浆果、昆虫、蝎子、蜈蚣和小蜥蜴。在繁殖期，雄鸟和雌鸟会以对歌的形式寻找配偶。它们会在地面挖土筑巢，或用白蚁丘作巢，其地下巢穴长达1米。

体长： 19厘米　**体重：** 17～39克

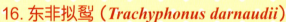

> 头部较大，喙强壮且周围有硬毛，尾下覆羽为红色。

17. 黑头织雀
(*Ploceus cucullatus*)

　　黑头织雀属于织布鸟科，是小型鸟类，织布鸟因其雄鸟会用细长的叶子和青草精巧地编织鸟巢而得名。它们的巢挂在枝头，呈球形，开口朝下。黑头织雀集群生活，同一棵树上可以挂上百个鸟巢。当雄鸟编好巢，就会在巢中唱歌并挥舞翅膀招揽雌鸟。每只雄鸟能够编织4～5个巢用于吸引不同的雌鸟。雌鸟则独立孵化和喂养雏鸟。

体长： 17厘米　**体重：** 35～45克

雌鸟：腹部为灰色，下体为黄色和白色，眼睛为红色。

雄鸟：头部为黑色，喙大且尖、呈黑色，眼睛为红色，下体为亮黄色。

18. 灰冠盔鵙（*Prionops poliolophus*）

　　灰冠盔鵙是雀形目的中型鸟类。背部、尾部和翅膀皆为黑色，肩胛有一块较大的白斑，飞羽上有一道白色条纹，身体其他部位则都是白色。头部非常有特色，黑色眼圈环绕着明亮的黄色眼睛，厚实且蓬松的羽冠从喙延伸到额头，头顶还有一簇更长的深灰色簇绒羽冠。灰冠盔鵙喜欢成群结队地生活，一群最多有15只鸟，它们分工合作一起守卫领地、求偶，然后在茂密的灌木丛中筑巢、孵化并喂养雏鸟。

体长： 23～26厘米　**体重：** 40～50克

19. 白肩鹊鵙（*Urolestes melanoleucus*）

　　白肩鹊鵙的特点是尾部非常长（几乎是身体的两倍），羽毛几乎全黑，翅上（肩胛羽毛）有白斑，次级、三级飞羽上也有白斑。喙和脚爪也为黑色，眼睛为褐色。雌鸟和雄鸟体形相似，雌鸟身体两侧还多两个白点。白肩鹊鵙是生活在非洲稀树草原和低地森林中的鸣禽，喜欢站在荆棘丛顶端观察地面，发现猎物后猛扑捕食，它们以昆虫、蜥蜴和其他小动物为食。

体长： 45厘米　**体重：** 60～95克

双羽冠，前额羽冠为白色，头顶羽冠为灰色。眼睛为黄色，眼圈为黑色。

羽毛为黑色和白色，尾羽很长、细且尖，喙呈钩状。

克罗泽群岛的鸟类

亚南极群岛

转动地球仪，你可以看到南极洲和其他大洲——美洲、非洲与大洋洲之间并没有相连的大陆，只有大片海域。在这片广阔的自由水域上，从西面吹来的风毫无阻挡地掀起巨浪，对依靠风帆航行的船只构成了巨大的威胁，南纬40°~50°海域被水手称为"咆哮西风带"，而南纬50°~60°则被称为"狂暴50°"，这两种叫法被沿用至今。

这片海域只有为数不多的岛屿，且大多是无人岛，少数为科考或军事基地。其中有一个名叫克罗泽的群岛，它由6个主要岛屿和一些礁石组成。这里土地荒芜，树木无法生长，一年中有数个月遭受暴风雨摧残，暴风的时速超过100千米，由于没有人类驻足，这片海域的鱼类和软体动物甚是丰富，使之成为自然界中重要的一环。这些岛屿的海岸上有大量海豹和海象，这里也是鸟类的繁殖地。每年大约有2500万只鸟在克罗泽群岛筑巢，其中包括100万只王企鹅和300万只长眉企鹅，以及其他两种分布较少的企鹅。岛屿上栖息着8种信天翁（左图为漂泊信天翁）、20多种海燕和鹱，它们都是鹱形目鸟类，会在飞行中度过一生，只有繁殖期才会降落此地。企鹅在南极洲附近冰冷的海域中度过冬天（南半球的冬天对应北半球的夏天），为了生育和抚养后代而返回克洛泽群岛。

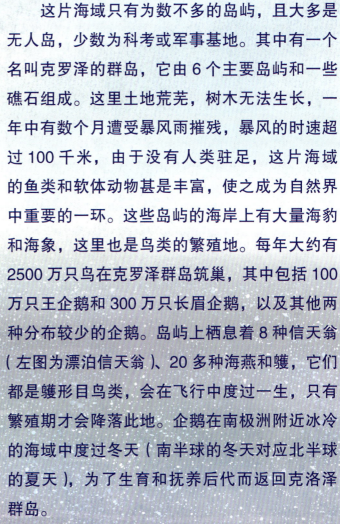

王企鹅可以潜入海中250米深的地方。

喙长且尖，呈黑色，基部为橙色；眼睛为黑色；脚爪为黑色。

1. 王企鹅（*Aptenodytes patagonicus*）

王企鹅是世界上最大的企鹅之一，仅次于生活在南极洲的帝企鹅。背部为煤灰色，下体为白色，头部为黑色，颈部两侧有橙色斑点，喉部至胸部另有一处从橙色渐变为黄色的大斑块。虽然企鹅无法飞行，但它们却是游泳健将。它们会在南半球寒冷的冬天活跃于极地周围鱼类丰富的海域，之后成千上万的企鹅情侣会返回远方岛屿筑巢和繁殖。

体长：94～95厘米　**体重**：9000～15000克

2. 白眉企鹅（*Pygoscelis papua*）

白眉企鹅比王企鹅小一些。背部、头部和喉部均为黑色，下体为白色，眼睛上方到头顶有一块白斑，翅膀边缘为白色，尾部有一条白色条状斑。白眉企鹅的尾部长度在所有企鹅中堪称之最。它们在岛屿上筑巢，且经常和其他种类的企鹅混居。巢穴筑在没有积雪的地面上，外砌一圈石头保护巢穴，内铺干草和苔藓以使其更加舒适。

体长： 76～81厘米　**体重：** 4500～8500克

眼睛为黑色，喙为黑色和橙色，脚爪为肉色。

❷ 81厘米

3. 长眉企鹅（*Eudyptes chrysolophus*）

长眉企鹅是中型企鹅。上体、头部和喉部为黑色，下体为白色。两眼之间有左右相连的金黄色饰羽。长眉企鹅是世界上种群数量最多的企鹅，约有1800万只，其中300万只生活在克罗泽群岛。聚集区繁多，每处有多达10万对企鹅夫妻筑巢居住。它们主要以磷虾等小型甲壳类动物为食，也会捕捉鱼类和鱿鱼。

体长： 70～71厘米　**体重：** 3100～6600克

喙大而厚、呈橙色，眼睛为红色，脚爪为粉红色。

❸ 71厘米

4. 漂泊信天翁（*Diomedea exulans*）

漂泊信天翁是非凡的飞行者，能够在不扇动翅膀的情况下滑翔数小时。其翼展是现存鸟类中最长的，超过 300 厘米（最高纪录达到 363 厘米）。成年鸟通体雪白，只有初级飞羽和翅膀后缘为黑色，肩膀上有灰色斑点。在未成年的 7 年时间里羽色略有不同，背部和翅膀上分布着不同数量的棕色斑点。漂泊信天翁主要以海面上捕捉的乌贼和鱼类为食。仅在筑巢时返回地面，夫妻终生为伴，双方经常张开翅膀、翩翩起舞。

体长： 107～135 厘米

体重： 雄鸟 8190～11910 克，雌鸟 6720～8700 克

5. 巨鹱（*Macronectes giganteus*）

巨鹱是大型海鸟，翅膀长，喙大而强壮。头部、颈部和上胸部为浅灰褐色。巨鹱就像清扫工，它们经常觅食被海浪冲到岸上的企鹅和海狮的尸体，还时常为了得到食物在腐尸周围同其他竞争者打架。它们会潜入企鹅和其他鸟类的栖息地盗取鸟蛋和雏鸟，捕食鱼类和贝类，还会跟随渔船捡拾漏网之鱼。

体长：85～100厘米

体重：雄鸟5000克，雌鸟3800克

喙为黄色、尖端为绿色，鼻孔呈管状，眼睛为灰蓝色，脚爪为黑色。

6. 黄蹼洋海燕（*Oceanites oceanicus*）

黄蹼洋海燕是小型鸟类，羽毛为灰棕色，臀部有白色覆羽，趾间带蹼。从身体比例来看，其腿部显得很长。它们会在海浪汹涌时变得很活跃，因为翻滚的海浪会带来许多小甲壳类动物或软体动物，这些对于海燕来说堪称美食。它们的飞行轻巧灵动，在海面上觅食时，细长的腿仿佛在跳舞一般。

体长：15～20厘米　**体重**：28～50克

眼睛和喙皆为黑色，鼻孔呈管状，腿为黑色，脚爪为黄色且趾间带蹼。

眼睛和喙皆为黑色，鼻孔呈管状，脚爪为黑色，蹼为黄色。

7. 乌信天翁（*Phoebetria fusca*）

乌信天翁是中型信天翁，顾名思义这种鸟的颜色较深，身体为棕色，头部两侧和翅膀的颜色更深。尾部形状并非方形而是楔形。眼睛周围有半圆形白斑。乌信天翁是一夫一妻制，且终身相伴。它们集小群繁殖，在陡峭的悬崖或墙壁上筑巢。飞行时体态轻盈，通常以鱼类和贝类为食，还会跟随船只以获取船员抛下的食物。

体长：84～89厘米　**体重**：雄鸟2200～3250克，雌鸟2100～2800克

8. 黑眉信天翁（*Thalassarche melanophris*）

作为信天翁家族最小的成员，黑眉信天翁的特点在于背部、翅膀上部和尾部皆为黑褐色，眼后的黑斑像是一条浓密的眉毛，并因此得名。黑眉信天翁广泛分布于南极周围的海域，它们在许多亚南极岛屿上繁殖产卵，但近年来其数量显示出令人担忧的下滑，主要原因在于人类拖网捕鱼并使用延绳钓。信天翁和其他海鸟会被用作诱饵的头足类动物或鱼类吸引，最后被钩子勾入水中。

体长：79～93厘米

体重：雄鸟3266～4658克，雌鸟2840～3806克

> 喙粗壮，呈黄色，尖端为肉色。腿为灰色，脚爪为天蓝色且趾间带蹼。

8　93厘米

9. 花斑鹱（*Daption capense*）

花斑鹱属于鹱形目大家族的一员，信天翁也是其中的成员，此类鸟大部分时间都在海上飞行，只有筑巢和繁衍后代时才会来到陆地上。它们的体形跟海鸥差不多，上体、尾部和翅膀为黑白色，头部为黑色，下体为白色。以鱼类和软体动物为食，尤其喜欢包括磷虾在内的小型甲壳类动物，还会跟随渔船捡拾漏网之鱼和垃圾。

体长：38～40厘米　　**体重**：340～528克

9　40厘米

> 喙为黑色，鼻孔呈管状，眼睛和脚爪也为黑色。

> 喙为黑色，强壮且弯曲。眼睛为深棕色，脚爪为黑色且趾间带蹼。

10. 大贼鸥（*Stercorarius antarcticus*）

大贼鸥是大型海鸟，羽毛呈灰褐色，颜色因个体差异而深浅不一，身上常带有白色条纹。秋冬季仍然活跃在海上，以鱼类为食，也会攻击其他海鸟并抢夺其食物，还会跟随船只捡垃圾吃。当繁殖期到来时，它们会前往亚南极岛屿并在岩石海岸或荒芜岛礁上筑巢，经常把巢安在大型企鹅群和其他海鸟群附近，以便盗取其他鸟类的鸟蛋和雏鸟。

体长：52～64厘米　　**体重**：1200～2100克

10　64厘米

亚洲

喜马拉雅山脉的鸟类

喜马拉雅山脉雄伟而巨大，全长超过 2000 千米，宽 250～350 千米，将印度半岛和青藏高原分隔开。喜马拉雅山脉的最高峰为珠穆朗玛峰，海拔 8848.86 米，它也是地球上最高的山峰。

得益于季风带来的丰沛降水，山脉的斜坡处生长着种类繁多的茂盛植被。低海拔处的密林人迹罕至，参天大树被藤本植物缠绕，树干上覆盖着苔藓和附生植物，树下是极厚的蕨类植物、藤茎和高草。此处的丛林仍是老虎和印度犀牛的家园。

往海拔更高处走，便会进入热带森林，那里有茂盛的棕榈树和竹林。再向上走，植被变得稀疏，以橡树、常绿树和杜鹃花为主。海拔更高处则遍布针叶树，冷杉、雪松和松树一直到海拔 3500 米处还有分布（在阿尔卑斯山脉，同类型的树木只分布到略微高于海拔 2000 米的地方）。林线以上是范围很广的草原，其中点缀着杜鹃花和其他灌木，神秘的雪豹就栖息在陡峭的岩石斜坡上。

从典型的热带森林到高海拔地区，环境的巨大差异孕育了种类繁多的鸟类。喜马拉雅山脉有家鸡的祖先红原鸡，它们头戴大红冠，叫声高亢。还有红胸角雉，其雄鸟会用华丽的表演吸引雌鸟。而最具代表性的鸟类当数棕尾虹雉（如左图），它们的羽毛非常绚丽，并带有明亮的绿色、紫色和黄铜色金属光泽。

喙为灰色，腿为黄色、带距，头顶长有绿色长羽冠。

1. 棕尾虹雉（*Lophophorus impejanus*）

棕尾虹雉是虹雉家族中的大个头成员，生活在针叶林和高原大草原上。雄鸟的羽毛颜色极为丰富，有蓝色、绿色、黑色、青铜色和红铜色，并带有金属光泽。绿色的头顶长有一簇长羽冠。雌鸟不像雄鸟那么华丽，它们的羽毛只有黑色和棕色。棕尾虹雉一年中大部分时间集群生活，只在繁殖期分开，然后结成一对对夫妻。它们以种子、植物的根、浆果和昆虫为食。棕尾虹雉是尼泊尔的国鸟，也是印度北阿坎德邦的邦鸟。

体长：雄鸟 70～72 厘米，雌鸟 63～64 厘米

体重：雄鸟 1980～2380 克，雌鸟 1800～2150 克

2. 暗腹雪鸡（*Tetraogallus himalayensis*）

暗腹雪鸡是大型雉鸡，栖息在喜马拉雅山脉陡峭的草地和岩石斜坡上。它们会组队在地面上寻找食物，在一处斜坡觅食完就飞到另一处斜坡，然后一步步从低处走到高处寻找食物。以草、种子、植物嫩芽和浆果为食。羽毛基本为灰色和棕色，体侧有条纹，胸部呈灰色并有黑色半月形斑点。喉部和头部为白色、灰色和棕色相间。尾下覆羽为白色，初级飞羽也为白色，但末端为黑色。雄鸟和雌鸟羽色相近，两者的不同处在于雌鸟体形略小且跗跖不带距。

体长：54～72 厘米　**体重**：2000～3629 克

眼睛为黑色,眼周有黄色的裸露皮肤,雄鸟的跗跖上长有距。

2 72厘米

喙和眼睛皆为黑色,脚爪为灰色,头顶有棕色长羽冠。

雄鸟:羽毛为蓝色和红色,眼睛、喙和脚爪均为黑色。

4 92厘米

3. 栗腹矶鸫(*Monticola rufiventris*)

栗腹矶鸫的体形跟麻雀差不多,生活在喜马拉雅山脉斜坡上稀疏的针叶林和桧树林中。雄鸟和雌鸟的羽色不同。雄鸟上体为蓝色,下体为红色,脸颊和耳周的黑色一直延伸到喉部和颈部并渐变成深蓝色。雌鸟上体为棕灰色,下体为浅栗色并带有密集的黑色半月形斑纹。栗腹矶鸫以大型昆虫为食。

体长: 21~23厘米　**体重:** 48~61克

4. 勺鸡(*Pucrasia macrolopha*)

勺鸡栖息在山林中,最高可在海拔4000米的地方生活。雄鸟的特点是头顶细长的棕色羽冠,以及向后延伸的具有灰绿色羽缘的黑色枕冠,耳羽下方有一大块白斑。上体为银灰色,每根羽毛中央皆有一条黑纹,下体为栗色。雌鸟羽毛为棕色。雌雄鸟的尾部都比较长,末端为楔形。勺鸡在秋冬季食素,繁殖期则主要吃昆虫。

3 23厘米

体长: 雄鸟58~64厘米(尾长22~28厘米),雌鸟52~56厘米(尾长17~19.5厘米)

体重: 雄鸟1135~1415克,雌鸟930~1135克

5. 血雉（*Ithaginis cruentus*）

血雉因雄鸟面部和胸部的绯红色羽毛而得名，有些血雉的绯红色羽毛面积更广，遍布全身。雄鸟上体为银灰色并带有白色长条纹，下体为浅绿色，头顶有灰色短羽冠，尾羽末端为白色，飞羽和尾下覆羽为绯红色。雌鸟为棕色，面部和颈部为橙红色，羽冠为灰色。血雉生活在稀疏的森林和高海拔杜鹃花丛中，几乎完全以植物为食，食物包括苔藓、叶子和草。血雉是印度阿萨姆邦的邦鸟。

体长：雄鸟 44 ~ 48 厘米（尾长 18 厘米），雌鸟 39.5 ~ 42 厘米（尾长 15 厘米）
体重：410 ~ 655 克

6. 蓝绿鹊（*Cissa chinensis*）

蓝绿鹊是绿鹊属的成员之一，通体鲜绿色，与红色的喙和脚爪形成鲜明对比。翅膀的一部分为红棕色，飞行时格外明显。宽阔的黑色贯眼纹延伸至颈部，前额和喉部为深浅不一的金黄色。尾羽长，中央尾羽的末端为白色。蓝绿鹊栖息在喜马拉雅山脚的丘陵地带，是机会主义鸟类，喜欢吃大型昆虫、小型爬行动物、小型鸟类和鸟蛋，对果实和浆果也不抗拒。它们十分喧闹，人工饲养的蓝绿鹊会模仿人的声音。

体长：37 ~ 39 厘米
体重：120 ~ 133 克

喙短而强壮，呈黑色；眼周皮肤裸露，呈朱红色；脚爪为红色，雄鸟有距。

喙大，呈珊瑚红色；眼睛为暗红色，眼圈为珊瑚红色；脚爪为鲜红色。

7. 银耳相思鸟（*Leiothrix argentauris*）

银耳相思鸟是小型鸟类，羽毛颜色丰富，栖息在潮湿森林中茂盛的灌木丛。因其耳后的银色斑块得名，斑块被周围黑色的羽毛衬得格外醒目。喉部和颈部为橙色，下体由橙黄色渐变为绿色，肩部、背部、翅膀和尾羽均为灰绿色，飞羽基部有鲜明的朱红色翼斑，尾羽边缘为橙黄色。尾上和尾下覆羽皆为鲜红色。雌鸟的羽毛与雄鸟相近，但尾上和尾下覆羽为橙色而非红色。这种鸟以昆虫、昆虫幼虫和果实为食。

体长: 15.5～17厘米　**体重:** 22～29克

8. 白顶溪鸲（*Phoenicurus leucocephalus*）

白顶溪鸲是与喜马拉雅山脉和水系紧密相关的鸟类。它的名字体现了其主要的样貌特征：头顶的白色与喉部、颈部、背部的黑色形成鲜明对比，橙红色的尾部经常摇来摇去。胸部和腹部为鲜红色，臀部同尾部一样为橙红色，尾羽末端为黑色。白顶溪鸲经常在水流湍急的岩石河岸出没，以水生昆虫及其幼虫为食。

体长: 18～19厘米　**体重:** 24～42克

9. 斑背燕尾（*Enicurus maculatus*）

斑背燕尾是长尾的雀形目鸟类。生活在喜马拉雅山脉侧翼的森林中，在溪水汇聚的小水池边捕食小软体动物、水生昆虫及其幼虫。羽色黑白相间。前额、腹部、翅膀上的翼斑和臀部皆为纯白色，黑色的背部上带有半月形小斑点，颈部、喉部、胸部和翅膀均为黑色。尾羽细长，呈黑色且末端为白色，由于每根尾羽的长度各不相同，于是形成了黑白条纹相间的效果。

体长: 25～26厘米　**体重:** 34～48克

10. 红胸角雉（*Tragopan satyra*）

红胸角雉生活在海拔 3000～4500 米之间的森林和灌木丛中。同角雉家族的大多数成员一样，红胸角雉雌鸟和雄鸟的体形有明显差异。雌鸟通体棕色，身上遍布浓密的米色斑点。雄鸟则五彩斑斓，头部为蓝黑色，喉部为蓝色，颈部、胸部和腹部为红色，且布满白色带黑边的斑点，越靠近腹部斑点越大。灰褐色的背部、臀部和尾羽上也布满斑点。棕色飞羽上有栗色条纹，褐色尾羽的末端为黑色。发情期时，雄鸟会炫耀性地鼓起头部两侧的天蓝色肉角，露出喉部巨大的蓝色、绿色和红色斑点，这些斑点平常隐藏在羽毛之中。

体长： 雄鸟 67～72 厘米（尾长 25～35 厘米），雌鸟 58 厘米（尾长 20 厘米）

体重： 雄鸟 1600～2100 克，雌鸟 1000～1200 克

11. 红原鸡（*Gallus gallus*）

红原鸡是家鸡的祖先，人类从大约5000年前开始养殖家鸡。雄性红原鸡的羽毛绚丽多彩，下体以黑色为主，颈部为金红色，黑色尾羽上泛着绿色金属光泽，中央尾羽特别长、呈镰刀形，初级飞羽为橙红色。雄鸟头顶还长有巨大的红色肉冠，喉下有一个或一对肉垂。雌鸟体形相对较小，羽色暗淡，呈灰褐色。红原鸡生活在森林里的茂密灌木丛中，虽然很难观测到它们，但雄鸟尖锐的叫声很有辨识度。

体长： 雄鸟65～78厘米，雌鸟41～46厘米
体重： 雄鸟672～1450克，雌鸟485～1050克

12. 蓝喉拟啄木鸟（*Psilopogon asiaticus*）

蓝喉拟啄木鸟是小型鸟类，喙呈圆锥形且坚硬，身上的羽毛以明亮的绿色为主，下体为渐变的绿色，面部、喉部和头顶上的条纹皆为天蓝色，额头和颈部是红色，眼睛上方有一条细黑纹。喉部两侧各有一个红色小斑点。雌雄外观相似。它们经常出没于常绿森林、种植园和花园中。雌雄鸟一同在树干上挖洞筑巢。以果实（特别是无花果）和昆虫为食。

体长： 22～23厘米　**体重：** 51～103克

13. 小盘尾（*Dicrurus remifer*）

小盘尾是身体敦实的鸟类，蓝黑色羽毛上带有金属光泽，喙宽而扁平。面部为黑色，额头上的羽毛可以竖起来形成小羽冠。雄鸟有两根几乎和身体等长的尾羽，末端内外翈相对，呈"盘尾状"。雌鸟的体形与雄鸟相似，只是没有两根长尾羽，尾部呈方形。小盘尾生活在喜马拉雅山脉南坡湿润的落叶林中，主要捕捉地面上或空中飞行的大型昆虫。

体长： 雄鸟30～40厘米，雌鸟25～27厘米
体重： 雄鸟39～49克，雌鸟35.3～44克

14. 蓝喉太阳鸟（*Aethopyga gouldiae*）

　　蓝喉太阳鸟是专食花蜜的小型鸟类。长长的喙又细又弯，长舌可以伸入花朵最深处吸食花蜜。蓝喉太阳鸟生活在喜马拉雅山脚的潮湿森林中。雄鸟的羽毛非常绚丽，面部和喉部是带金属光泽的蓝紫色，头部、颈部和背部均为红色，臀部和下体呈黄色，不同亚种的胸部颜色不尽相同，有黄色也有红色。雌鸟的颜色比较简单，上体为绿色，下体为黄色，尾部和喙都比较短。

体长：雄鸟 14～15 厘米，雌鸟 10 厘米
体重：6～8 克

15. 棕颈犀鸟（*Aceros nipalensis*）

　　棕颈犀鸟生活在茂密的森林中，在较高的树洞里筑巢。雄鸟头部、颈部和下体均为红褐色，雌鸟则通体黑色。雌鸟和雄鸟皆有巨大的浅黄色喙，喙上分布数条黑色竖纹，竖纹的数量会随着年龄的增加而增长，最多可达 7 条。眼睛周围和喙基部裸露着蓝色皮肤，喉部有一个裸露的红色肉囊。初级飞羽的末端为白色，仅在飞行时可见，尾部的一半也是白色。它们跟家族中的其他成员一样，雌鸟会在孵化时封住洞口，雄鸟则通过洞口处的小孔给雌鸟喂食。

体长：90～100 厘米
体重：雄鸟 2500 克，雌鸟 2270 克

中国台湾的鸟类

亚洲

台湾岛是中国最大的岛屿。台湾岛的西部地势平坦、人口密集，东部则是山区，最高海拔接近4000米，人口稀少，几乎完全被森林覆盖。岛上的气候受亚热带季风影响，夏末多台风。高温和充沛的降水促进了植被的生长。低海拔地区以热带森林为主，2000～3000米处以针叶林为主，再往高处则是高山草甸和低矮灌木丛。茂密的竹林是岛上一大特色，当地人广泛使用竹子制造家具和其他物品。

台湾岛是单位面积上鸟种数量排名世界第二的地区，因此成为备受观鸟者青睐的观鸟胜地。岛上既有东南亚地区的各种物种，也有众多中国特有的物种。其中，特别值得一提的是两种蓝色的鸟——蓝腹鹇和黑长尾雉。左图是台湾蓝鹊，蓝白相间的羽毛和红色的喙与脚爪，看起来非常漂亮。

1. 台湾鹪鹛（*Pnoepyga formosana*）

台湾鹪鹛最显著的特征是不明显的尾部，其身体看起来就像强壮双腿上顶着的一颗蛋。其实，台湾鹪鹛有尾部，只不过太短了。台湾鹪鹛的羽毛整体为棕色，头部和背部有褐色斑点，翅膀为棕色。下体为黑色，且羽毛边缘为白色，形成明显的鳞片花纹。台湾鹪鹛栖息在潮湿的山地森林中，它们会隐藏在较高的草丛和灌木林中，人们通常只能听见其歌声——一种细微而尖锐的颤音。

体长： 8～9厘米　**体重：** 18～21克

2. 台湾山鹧鸪（*Arborophila crudigularis*）

台湾山鹧鸪是中国特有物种，山鹧鸪属的一种。身体圆润，尾部短，腿部强壮。羽毛大多是深灰蓝色，翅膀、肩羽有灰色斑点。头顶为棕色，眼周为黑色，颈部、脸颊、喉部也是黑色，还有一条狭窄的白眉。雌鸟和雄鸟体形相似，雄鸟体形更大，雄鸟繁殖期时喉部会出现红斑，看起来就像伤口。这种鸟生活在山林中，在地上寻找种子、浆果、蚯蚓和昆虫等食物。

体长： 27～28厘米
体重： 雄鸟310克，雌鸟210克

3. 蓝腹鹇（*Lophura swinhoii*）

蓝腹鹇是中国特有物种。雄鸟有深蓝色的羽毛，背部上方的红棕色区域上有两大块白斑，头部有白色短羽冠，中央尾羽亦为白色。飞羽带有绿色金属光泽。面部有大面积红色肉垂。雌鸟的羽毛为棕色，带有浅黄色箭头斑纹。雄鸟经常在求偶时跳跃、扭转、摇动翅膀，并发出强烈的振动声。

体长： 雄鸟79厘米（尾长40～50厘米），雌鸟50厘米（尾长20～22厘米）
体重： 1100克

> 喙为深灰色，眼睛为黑色，脚爪健壮、呈橙红色。

> 身体呈蛋形，眼睛大而黑，喙为灰黑色、尖端色浅，脚爪为棕色。

喙坚硬，呈圆锥形、灰色。眼睛微红，跗跖为灰粉色。

眼睛为黑色，眼纹为白色、呈半环状，喙为浅棕色，跗跖为红棕色。

4. 台湾酒红朱雀（*Carpodacus formosanus*）

台湾酒红朱雀依靠羽毛颜色区分雌鸟和雄鸟：雄鸟通体酒红色，只有翅膀和尾部为黑褐色，粉红色的眉毛并不明显，三级飞羽的末端为白色；雌鸟为麂皮色，并带橄榄色调，全身布满黑色纵纹。台湾酒红朱雀是中国特有物种，经常在茂密森林的灌木丛中出没，主要以种子为食。

体长： 13～16厘米　**体重：** 20.5～23.8克

5. 玉山噪鹛（*Trochalopteron morrisonianum*）

玉山噪鹛是雀形目鸟类，尾部较长。羽毛基本为棕色，翅膀和尾部为灰蓝色，并有大面积橙黄色。头顶为灰色，脸颊为深栗色，眉毛和颏线为白色。雌鸟和雄鸟体形相似。广泛分布在台湾岛中部山区，出没于空地和灌木丛。玉山噪鹛不像其他鸟类那样根据季节判断迁徙时间，它们根据天气变化来决定是否飞往低海拔山区。

体长： 25～28厘米　**体重：** 75～77克

喙为灰白色，眼睛为浅棕色，眼周有大面积红色肉垂，跗跖为红色。

6. 台湾林鸲（*Tarsiger johnstoniae*）

台湾林鸲是小型雀形目鸟类，栖息在山林中。雄鸟的头部、背部、翅膀和尾部羽毛均为烟灰色，下体为灰色或浅麂皮色。胸部上方有锈红色宽条纹，由身体两侧向后延伸至颈部、双肩，最后相交。眼睛上方有清晰的白眉。雌鸟的羽色较暗，呈灰褐色和麂皮色，眉纹不明显。

体长： 12厘米　**体重：** 15～20克

7. 台湾戴菊（*Regulus goodfellowi*）

戴菊属鸟类的头上皆有金色或橙色羽冠。台湾戴菊是中国特有物种，生活在高海拔针叶林中，背部、翅膀和尾部羽毛呈黄绿色，腹部和臀部为黄色，喉部和胸部为灰色。头部有引人注目的黑色眼斑和白色眼环，还有漂亮的羽冠。雌鸟的羽冠为黄色，雄鸟的羽冠为橙色，它们会在兴奋或害怕时竖起羽冠。台湾戴菊极为活泼，不停穿梭于针叶林中，并在树枝上觅食蜘蛛、小昆虫及其幼虫。

体长： 9厘米　**体重：** 7克

喙非常细，呈黑色；眼睛为黑色；脚爪细长，呈黑色。

喙短且细，呈黑色；眼睛为黑色，眼周有白色环纹；脚爪为红棕色。

8. 黑长尾雉
（*Syrmaticus mikado*）

黑长尾雉也称帝雉，是尾羽很长的大型野雉，栖息在高山森林和竹林中。雄鸟羽毛为蓝黑色，带金属光泽。翅膀上有明显的白色翅斑，尾羽上有白色横纹，面部有裸露的红色皮肤。雌鸟体形更小，羽毛为棕色并带有白斑。雄鸟领地意识强，一般躲在灌木林中，遇到危险时会藏入厚厚的植被中。它们偶尔扇动翅膀进行短距离飞行。

体长：雄鸟87.5厘米（尾长可至53厘米），雌鸟53厘米（尾长17～22厘米）

体重：雄鸟1300克，雌鸟1015克

9. 玉山雀鹛
（*Fulvetta formosana*）

玉山雀鹛是小型雀形目鸟类，体形纤细，头部相对较大，尾部也较长。这种鸟最喜欢栖息在针叶林的灌木丛中和竹林中。头部为浅棕色，眼睛至颈部有深色斑纹，喉部密布白色竖条纹，身体的其余部分为灰褐色，翅膀上有深浅不一的褐色。以地面上的种子和昆虫为食。

体长： 12厘米　**体重：** 10克

10. 仙八色鸫（*Pitta nympha*）

仙八色鸫是中型鸟类，羽毛色彩丰富，腿部纤细。上体、翅膀和尾部羽毛呈蓝色和绿色，而胸部和下体两侧为黄色，腹中和尾下覆羽为鲜红色。头顶为棕色，有黑色中央冠纹，浅黄色眉纹从眼睛延伸到颈部，颏和脸颊为黑色，喉部白色。栖息在潮湿的灌木丛中，以蚯蚓和蜗牛为食，会利用石头敲碎蜗牛的壳。

体长： 16～20厘米　**体重：** 67～155克

> 喙为黑色，眼睛为浅黄色，脚爪为橙红色，头部有黑色面具形斑块。

11. 红头长尾山雀
(*Aegithalos concinnus*)

红头长尾山雀是小型雀形目鸟类，身体圆润，尾部和身体等长。头部的比例较大，而圆锥形的喙又显得很小。头部羽色最引人注目，头顶为橙红色，眼睛为浅黄色，眼周有黑色的面具形斑块一直延伸至颈部，白色喉部的中央有黑色斑块。橙红色胸带将白色胸部和浅黄色腹部分开，胸带延伸至两胁。背部、翅膀和尾部皆为灰色。红头长尾山雀栖息在阔叶林中，主要捕食小型昆虫，数十只鸟成群活动。

体长： 10.5厘米 **体重：** 5.5～7克

⑪ 10.5厘米

12. 台湾蓝鹊 (*Urocissa caerulea*)

台湾蓝鹊是体形纤细的鸟类，但喙和脚爪都很强壮。尾部长且羽色渐变，两根中央尾羽尤其长。头部、颈部和胸部都是黑色，身体其余部分为蓝色，下体的蓝色较浅。翅膀和尾下覆羽皆为灰白色，尾羽末端有明显的白色斑块，中央尾羽除末端外皆为蓝色，其余尾羽中部为黑色、基部为蓝色。

体长： 63～68厘米 **体重：** 254～260克

> 喙大而弯、呈鲜红色，眼睛为黄色，脚爪为鲜红色。

⑫ 68厘米

13. 台湾拟啄木鸟（*Psilopogon nuchalis*）

台湾拟啄木鸟是体形健硕的鸟类，有着粗壮的喙，能在树干上筑巢，两根脚趾朝后，是典型的攀爬鸟类。通体浅绿色，翅膀和尾部颜色较深。头部色彩缤纷，额头、颏和喉部上半部均为黄色，黄色下方是延伸到脸颊和耳羽的蓝色带纹，再下方还有一条红色条纹。喙基部有红色斑点，眼睛上方是黑色。台湾拟啄木鸟栖息在山林中，以种子和昆虫为食。

体长：21.5厘米　　**体重**：67～123克

喙为深灰色或棕色，眼睛为深灰色或棕色。

喙大、呈黑色，眼睛为黑色，脚爪为橄榄色，脚趾两根朝前、两根朝后。

14. 台湾斑翅鹛（*Actinodura morrisoniana*）

台湾斑翅鹛栖息在山区的阔叶林中。雌雄体形相似，羽毛皆为棕色和灰色。头顶和头部两侧为棕色，喉部、胸部和两胁是灰褐色，且遍布发白的条纹。栗色翅膀上布满细密的黑色横纹，尾羽根部为黄褐色、中间为灰褐色、末端为白色。这种鸟经常集群，在树上觅食昆虫及其幼虫，尤其喜欢金银花浆果。

体长：18～19厘米　　**体重**：32克

15. 白耳奇鹛（*Heterophasia auricularis*）

白耳奇鹛是中国特有物种，栖息在山区的针叶林中，冬季会迁移到低海拔处。白耳奇鹛体形纤细，以眼周的白纹为特点，白纹一直延长至头后，形成丝状长羽，头顶为烟灰色。喉部、胸部和背部均为深灰色，蓝黑色的翅膀上有一道白纹，尾部为蓝黑色，下体为浅黄褐色。这种鸟以昆虫、种子、浆果为食，还特别喜欢用舌头吸食花蜜。

体长：22～24厘米　　**体重**：40～50克

喙和眼睛皆为黑色，眼后有白色的丝状长羽。

北海道的鸟类

亚洲

北海道是日本4个主要岛屿中最北边的一个。岛上有60多座火山，几乎四分之三的土地被茂密的森林覆盖。冬季气候恶劣，西伯利亚寒流长驱直下，带来频繁的暴风雪。北部鄂霍茨克海沿线的冰封期长达数月。

北海道有6个国家公园，约占北海道面积的十分之一，自然环境保存得非常完整，从海岸到沼泽，从湖泊到内陆山脉，应有尽有。优美的景色、盛开的鲜花和郁郁葱葱的树林，使得北海道成为自然爱好者的热门目的地。

冬季是最吸引观鸟者和自然摄影师的季节。这座日本岛屿充满了独特的吸引力，其中之一便是丹顶鹤之舞，北海道可以说是丹顶鹤的天堂，它们在雪地里相遇、起舞、建立稳固的夫妻关系，每个景象都是一幅迷人的画卷。还有一个每年都会上演的奇景，那便是大天鹅（如左图）迁徙，它们先是在遥远的北方苔原筑巢，然后再向气候更适宜的南方迁徙。大批大天鹅迁徙到并未完全冻结的能取湖过冬，湖中的热泉为能取湖能保留了一大片不冻水域。冬季，北海道北部还会聚集成千上万的虎头海雕，这种白褐相间、长着巨大的黄色喙的猛禽会在浮冰中捕捉海鱼。

1. 虎头海雕（*Haliaeetus pelagicus*）

虎头海雕是最大的海雕，也是最大的昼夜猛禽之一。其翼展超过 200 厘米，甚至可达 250 厘米。身体主要为棕黑色，尾部、尾下覆羽、腿部和肩部的白色羽毛十分醒目。特大的喙极为夸张，在所有雕类中堪称之最。

虎头海雕在亚洲北部的海岸繁殖，并在岩石或大树上建造巨大的鸟巢。无论活鱼还是死鱼，都是它们的盘中餐，它们还会捕食大型鸟类。

体长： 85～105 厘米

体重： 雄鸟 4900～6000 克，雌鸟 6800～9000 克

喙大且尖、呈亮黄色，眼睛为浅黄色，脚爪为黄色，趾甲为黑色。

2. 丑鸭（*Histrionicus histrionicus*）

丑鸭是生活在北美洲、亚洲北部、日本和冰岛海岸附近的小型潜水鸭。它们会在汹涌澎湃的冰冷海水中游泳或潜水，觅食甲壳类动物、软体动物和小鱼。冬季到海岸上生活。因雄鸟多彩的羽毛酷似意大利哑剧中的丑角，故而得名。雄鸟的羽毛看起来就像由各种颜色的布拼接而成的面具和服装，有岩石色、栗色、白色和黑色。

体长： 38～51 厘米　**体重：** 雄鸟 581～750 克，雌鸟 485～682 克

雌鸟：通体棕色，头部两侧各有 3 处白斑。

雄鸟：喙短、呈灰蓝色，眼睛为暗红色，尾羽较尖。

喙为黄色和黑色，眼睛为黑色，眼圈为黄色，脚爪为黑色，趾间带蹼。

3. 大天鹅（*Cygnus cygnus*）

　　大天鹅是芬兰的国鸟，也被铸造在该国发行的 1 欧元硬币上。大天鹅颈部很长，羽毛为纯白色，翼展超过 200 厘米。大天鹅喙的形状与其他天鹅不同：其喙更长，呈圆锥形，基部有大片黄色，上喙侧缘及喙尖为黑色。叫声十分响亮，令人不禁想起小号的声音。在北欧和亚洲森林的湖泊、池塘中筑巢繁殖，成千上万的大天鹅会在冬季向南迁徙至北海道，并在不结冰的湖面上越冬。

体长： 140～165 厘米

体重： 雄鸟 7200～15500 克，雌鸟 5600～13100 克

喙为蜡黄色，眼睛为黄色，脚爪为黄色，趾甲为黑色。

4. 白尾海雕（*Haliaeetus albicilla*）

　　白尾海雕的体形比虎头海雕略小，但翼展更大。其分布区域十分广阔，从格陵兰岛到欧洲大陆，再到亚洲北部及日本。白尾海雕整体为灰褐色，头部、颈部和上胸部的颜色略浅，楔形尾羽为白色。主要以浅水区的大鱼为食，也会捕食鸭子大小的鸟类或海鸥，冬季甚至会吃动物的尸体。

体长： 74～92 厘米

体重： 雄鸟 3100～5400 克，雌鸟 3700～6900 克

5. 毛腿渔鸮（*Bubo blakistoni*）

　　毛腿渔鸮是现存最大的夜间猛禽，专门捕捉鱼类和其他水生动物。羽毛为褐色，有黑色羽干纹，上体纹路较深，下体纹路较浅。飞羽和尾羽上有交替的褐色和浅色带纹。头上耳羽较长。栖息在湖泊和河流旁茂密的森林中。日本北海道的阿依奴人视毛腿渔鸮为守护神，并称之为"乡村的保护神"。

体长： 60～71 厘米

体重： 雄鸟 3150～3450 克，雌鸟 3360～4600 克

喙较长、呈灰黑色，眼睛为黄色，耳羽成簇，跗跖覆羽。

❻ 152厘米

喙为橄榄色或绿色，眼睛为深棕色，脚爪为深灰色。

6. 丹顶鹤 (*Grus japonensis*)

丹顶鹤是大型鸟类，腿部和颈部都很长，羽毛呈白色和黑色，头顶裸露着鲜红色的皮肤。丹顶鹤几乎通体全白，只有颈部、喉部、脸颊、尾羽、次级飞羽和部分三级飞羽为黑色。丹顶鹤繁殖于中国、俄罗斯和日本，总数不足 3000 对，因此被认定为濒危物种。丹顶鹤夫妻终生为伴，它们会通过特别的鹤舞和共鸣加深彼此间的关系。在中国、日本和韩国文化中，丹顶鹤被视为忠诚、和平及不朽的象征。

体长： 138 ~ 152 厘米　**体重：** 7000 ~ 10000 克

喙细且尖、呈黑色，眼睛为黑色，脚爪为浅砖红色。

喙小，呈圆锥形、黑色；眼睛小，呈黑色；眼周有黄色细纹。

7. 日本歌鸲（*Larvivora akahige*）

日本歌鸲的外形和羽色与知更鸟相似，头顶和上体都是橄榄色。脸颊、颈部和喉部则是鲜艳的橙红色，一条黑色的细条纹将橙红色和胸部的灰色分隔开。胸部有鳞片状花纹，越到腹部花纹越不明显。明亮的黄褐色尾羽经常在跳跃时立起来。日本歌鸲栖息在山林中靠近水道的茂密灌木丛里，以昆虫和毛虫为食，也吃少量浆果。

体长：14～15厘米　　**体重**：18～20克

8. 北长尾山雀（*Aegithalos caudatus*）

北长尾山雀在树枝间敏捷跳跃时，给人的感觉就像一只长了长尾巴的毛球。这种鸟分布广泛，从欧洲到日本皆可见其踪影，不同种群之间的羽色会有差别。在北海道，白头种群占据优势。北长尾山雀背部为黑色，两翼有栗色条纹，尾羽黑白相间。它们筑的巢别具一格：一个椭圆形的苔藓球，侧面开小口，加以昆虫的茧丝胶固，并用地衣和树皮碎片做伪装。

体长：13～16厘米（包括6～10厘米尾部）

体重：6.5～10克

9. 鸳鸯（*Aix galericulata*）

鸳鸯是一种体形相对较小的鸭子，原产于中国和日本，但因雄鸟的羽毛鲜艳多彩，在其他国家的农场和公园里也有养殖。雄鸟的头部羽毛格外美丽，羽冠大而艳丽，白色眉纹又宽又长，向后延伸构成羽冠的一部分。脸颊为橙红色，与白色相衬。翅膀的第十二飞羽呈砖黄色，像帆一样立于后背。雌鸟上体为棕灰色，下体有白点。

体长：41～51厘米　　**体重**：雄鸟571～693克，雌鸟428～608克

雄鸟羽冠和脸颊的羽毛像头盔一样，喙为红色、尖端为肉色。

10. 白腹蓝鹟（*Cyanoptila cyanomelana*）

雄性白腹蓝鹟上体羽毛呈钴蓝色，头顶颜色更亮，脸颊和喉部为蓝黑色，腹部为纯白色，飞羽为黑色镶蓝边。中央尾羽为蓝色，两侧尾羽整体为蓝色、末端为黑色。白腹蓝鹟喜欢在黎明和黄昏时歌唱，歌声类似长笛的声音。雌鸟上体为棕灰色，下体为灰色。主要以苍蝇、蝴蝶、蜜蜂和小甲虫为食。

体长：16～17厘米　体重：25克

11. 赤翡翠（*Halcyon coromanda*）

赤翡翠的特点是锈红色的羽毛，翅膀和尾羽颜色较深，下体颜色较浅。臀部为天蓝色，巨大的喙呈鲜红色。栖息在茂密的常绿林中，喜欢靠近水源的地方。在栖息地很难见到它们的身影，却时常能听到其歌声，就像一长串忧郁的口哨声。捕食鱼和虾，但在森林里主要以青蛙和大型昆虫为食。这种鸟属于不常见的鸟类，冬季会向菲律宾迁徙。

体长：25～27厘米　体重：60～92克

12. 红翅绿鸠（*Treron sieboldii*）

红翅绿鸠是成员众多的绿鸠属一员，该属鸟类的羽毛皆为绿色。红翅绿鸠上体为绿色，肩部有红紫色斑块，从额头到胸部有零星的金色。腹部发白，飞羽发黑。红翅绿鸠栖息在针叶树和阔叶树的混交林中，它们有一种特殊的习惯，夏末时每天都会飞到海边喝海水。红翅绿鸠是唯一有此行为的鸠类。

体长：33～36厘米　体重：220～250克

13. 红喉歌鸲（*Calliope calliope*）

红喉歌鸲腿长、喙薄，看似新疆歌鸲。上体羽毛为橄榄色，下体为灰色。雄鸟的喉部为带黑边的红色，有白色眉纹，脸颊上的白色纹路十分醒目，眼先为黑色。雌鸟与雄鸟相似，只是头部不鲜艳，只有白色眉纹和发白的喉部。栖息在森林中茂盛的灌木丛里，人们经常只闻其声而难以见其身，鸣叫多韵而婉转。

体长：14～16厘米　体重：16～29克

新几内亚岛的鸟类

大洋洲

新几内亚岛是世界第二大岛屿，面积仅次于格陵兰岛。位于澳大利亚以北的太平洋中，行政上一分为二：东部形成独立国家巴布亚新几内亚，西部受印度尼西亚管辖。全岛沿着连绵的中央山脉呈东西走向，大部分山峰海拔超过 4000 米。整个岛屿几乎完全被茂密的热带植被覆盖。岛上的森林密不透风，至今仍有部分地区未被人类踏足，数量繁多的鸟类在此生活，种类超过 800 种，其中数十种只在该岛特定的区域内活动。

新几内亚单垂鹤鸵是一种与鸵鸟有亲缘关系的大鸟，这种鸟同样无法飞翔。此外，岛上还有几十种鸽类、斑鸠、鹦鹉、翠鸟和无数羽色亮丽的雀形目小鸟。极乐鸟和园丁鸟无疑是这些鸟之中的王者。雄性极乐鸟的羽毛异常华丽：漂亮的长尾，线状尾羽，带金属光泽的胸羽和颈羽。雄鸟利用炫彩的羽毛、如歌般的叫声和曼妙的舞姿，吸引雌鸟的关注。新几内亚岛有 34 种不同种类的极乐鸟（右图为新几内亚极乐鸟）。

雄性园丁鸟并不依靠华丽的羽毛吸引异性，而是用树枝搭建的藤架或通道，以及通向终点的"棚屋"。雄鸟会用收集来的各种彩色物品装饰棚屋，有昆虫的鞘翅、浆果、鲜花、鹅卵石、贝壳，甚至还有瓶盖和彩色塑料这样的人工制品。新几内亚岛有 14 种园丁鸟，每种鸟搭建的巢穴和展示的装饰物都各不相同。

1. 十二线极乐鸟（*Seleucidis melanoleucus*）

这种鸟名字中的十二线指的是尾羽中 12 根非常长的丝状羽毛，每侧 6 根。雄鸟除了拥有引人注目的尾羽，身体其他部位的羽毛也十分华丽，头部、胸部、背部和翅膀是亮黑色，腹部和尾部则是黄色。雌鸟头羽为黑色，上体为肉桂色，下体发白，并带有深色横纹。雄鸟会在求爱表演时，用上下移动的方式跳求偶舞，以此吸引雌鸟的注意，一旦雌鸟被吸引过来，雄鸟就会发出叫声，然后一边打转一边摇头摆尾，还会隆起胸部的羽毛。

体长： 雄鸟 33 厘米，雌鸟 35 厘米
体重： 雄鸟 170～217 克，雌鸟 160～188 克

喙长且细、呈黑色，眼睛为红色，眼周有裸露的灰色皮肤，脚爪为肉红色。

眼睛为黄色，喙为金属蓝色，脚爪为红棕色。

2. 新几内亚极乐鸟（*Paradisaea raggiana*）

新几内亚极乐鸟是极乐鸟中羽毛最华丽的一种。雄鸟背部、翅膀、尾部和腹部皆为棕色，头部和颈部为黄色，喉部为翠绿色，胸部为黑色。喙部有一圈深绿色的环带。臀部为橙红色，长而蓬松的羽毛形成两条披风状羽毛带。两根中央尾羽极长且呈丝状。雌鸟的羽色比雄鸟暗淡，也没有蓬松的臀部羽毛。繁殖期时，数只雄鸟站在高高的树枝上，用叫声吸引雌鸟，张开翅膀跳跃和鞠躬，还会鼓起臀部的羽毛以引起雌鸟的关注。

体长： 34 厘米（不含尾部的丝状羽毛）
体重： 雄鸟 234～300 克，雌鸟 133～220 克

3. 王风鸟（*Cicinnurus regius*）

　　王风鸟又名小天堂鸟，是极乐鸟科中最小的一种。雄鸟上体、头部、喉部和翅膀呈胭脂红色，下体为白色。一条绿色带纹将喉部的红色与胸部的白色隔开，带纹两侧是翅膀，肩部有绿色点缀的扇状羽毛。尾部为黑色，两根中央尾羽又细又长，末端是带虹彩光泽的绿色盘状羽毛。雄鸟选择在空旷的地方进行求偶表演，它们会用跳舞的方式展现华丽的羽毛。雌鸟会在观看数只雄鸟表演后决定心之所向。

体长：16厘米（含中央尾羽则31厘米）
体重：雄鸟43～65克，雌鸟38～58克

喙为黄色，眼睛为天蓝色，眉纹为黑色，脚爪为蓝色。

喙为黑色，眼睛为天蓝色，脚爪为灰色。

4. 阿法六线风鸟（*Parotia sefilata*）

　　阿法六线风鸟得名于头部两侧的6根线状羽毛，每侧3根，一直延伸到耳后，末端展开呈水滴状。雄鸟羽毛呈黑色并带金属光泽，额头有白色V形斑纹，胸部和颈部为青铜色并带虹彩光泽。雌鸟为棕色，下体有浅棕色条纹。求偶期时，雄鸟会清理出一块跳舞用的场地，然后舒展羽毛摆出轮盘的造型，接着摇头晃脑，舞动头部的线状羽毛，展示泛着虹彩光泽的喉部。

体长：33厘米
体重：雄鸟175～205克，雌鸟140～185克

5. 丽色掩鼻风鸟（*Ptiloris magnificus*）

丽色掩鼻风鸟的叫声听起来像是子弹的嗖嗖声。雄鸟有一身闪亮的黑色羽毛，颏、喉部和上胸部是带虹彩光泽的蓝色，两根中央尾羽为天蓝色。雌鸟的羽毛棕白相间，并不引人注目。雄鸟求爱时会将翅膀抬至头顶摆出弯月形，并伸出头让蓝色的喉部更加突出。

体长： 雄鸟34厘米，雌鸟28厘米
体重： 雄鸟143～230克，雌鸟94～185克

6. 威士极乐鸟（*Diphyllodes respublica*）

威士极乐鸟是个头最小的极乐鸟之一，但羽毛却是最丰富多彩的。头部、腹部和尾部均为黑色，背部和翅膀（不包含棕色的初级飞羽）为红色，胸部为带虹彩光泽的绿色。头顶有6处裸露的皮肤，皆为天蓝色且带黑边，两根细长的中央尾羽向内弯曲。雌鸟上体为棕色，下体有浅黄色条纹。雄鸟会在求偶时上下移动，展开胸部带虹彩光泽的绿色羽毛，形成漂亮的半圆形，以求得雌鸟的青睐。

体长： 16厘米（含中央尾羽则21厘米）
体重： 52～67克

7. 红极乐鸟（*Paradisaea rubra*）

红极乐鸟的名字来源于其臀部细长而蓬松的鲜红色羽毛。背部、胸部、腹部、翅膀和尾羽皆为褐色，额头、头顶、颈部、上背部和胸部为黄色，喉部和脸颊则为绿色，喙基部和面部有黑色的面具斑纹。喙基部的羽毛形成两团明显的凸起。两根中央尾羽就像长长的黑丝带。雌鸟面部和喉部为黑色，身体其余部分是棕色和米色。在繁殖季节，数只雄鸟在树上聚集，挥舞翅膀，翘起臀部羽毛，甚至倒挂在树枝上，只为得到雌鸟的关注。

体长： 雄鸟33厘米，雌鸟30厘米

体重： 雄鸟158～224克，雌鸟115～208克

喙为黄色，眼睛为棕色，脚爪为浅黑色。

8. 华美极乐鸟（*Lophorina superba*）

华美极乐鸟又名华美风鸟，雄鸟和雌鸟羽色差异很大。雌鸟为棕色，上体颜色较浅、条纹较暗。雄鸟为黑色，羽毛带紫色光泽，前额和头顶为蓝绿色，胸前有蓝绿色的新月形胸盾。胸部、臀部和背部的羽毛可以形成斗篷。求爱时，雄鸟会先挑一块表演场地，再用叫声吸引雌鸟前来观看，然后立起身后的黑色斗篷和蓝绿色胸盾，围绕头部形成一个大圆圈，接着开始翩翩起舞。雌鸟会在观看15～20只雄鸟表演后，选出心仪的对象。

体长： 雄鸟26厘米，雌鸟25厘米

体重： 雄鸟60～105克，雌鸟54～85克

喙为黑色，内部为黄绿色，眼睛为棕色，脚爪为黑色。

9. 褐色园丁鸟（*Amblyornis inornata*）

褐色园丁鸟分布于鸟头半岛（位于新几内亚岛西部），是一种羽色暗淡的褐色小鸟。这种鸟的羽毛与极乐鸟相比着实逊色，但雄鸟吸引雌鸟的本领却技高一筹。雄鸟利用木棒和树枝搭建通道和棚屋，并在棚屋中展示其收藏的各种鲜艳物品，有水果、浆果、花瓣、鹅卵石，甚至还有金属物品、玻璃或塑料碎片。雌鸟会在参观几只雄鸟的棚屋后，最终选择留在展品最丰富、最多彩的那个棚屋里。

体长： 25厘米　**体重：** 105～155克

喙短，呈圆锥形、浅黑色；眼睛为红棕色；脚爪为灰褐色。

喙很大，上喙为棕色，下喙为橙黄色；眼睛为白色；腿很短，脚爪为橙黄色。

10. 椰果彩红鹦鹉（*Trichoglossus haematodus*）

椰果彩红鹦鹉的外观就像其名字一样，它们的身上分布着蓝色、黄色、红色和绿色羽毛。头部为深蓝色，与枕部的黄绿色弯月形斑块形成鲜明对比，胸部镶蓝边的红色羽毛构成鳞片图案。背部、肩部和尾部皆为绿色，腹部为深蓝色，尾下覆羽则是带绿条纹的黄色。飞羽内侧有黄色宽带纹，与红色内肩羽以及黑色飞羽形成鲜明对比。椰果彩红鹦鹉主要以花蜜和花粉为食，也吃种子、果实、嫩芽和小昆虫。

体长： 25～30厘米　**体重：** 109～137克

喙为橙红色，眼睛为红色，脚爪为灰色。

11. 蓝翅笑翠鸟（*Dacelo leachii*）

蓝翅笑翠鸟的喙又粗又壮，它们生活在森林和树林中，主要以蜥蜴、蛇、蜘蛛、蝎子和大型昆虫为食，偶尔也吃小型哺乳动物和雏鸟。头部和下体羽毛呈奶油色，并有深浅不一的条纹，翅膀为棕色，肩部和臀部皆为天蓝色。雄鸟尾部呈蓝色，雌鸟尾部呈棕色且带黑色横纹，雌鸟体形略大于雄鸟。蓝翅笑翠鸟是一种领地意识很强的鸟，雏鸟同亲鸟待在一起，共同保卫领地并孵化下一代。

体长： 38～41厘米　**体重：** 250～370克

喙非常大、呈深灰色，脸颊的皮肤裸露、呈红色，长羽冠为黑色。

12. 棕树凤头鹦鹉（*Probosciger aterrimus*）

棕树凤头鹦鹉与棕榈树林关系密切，这种鹦鹉的喙极为强壮，足以咬碎坚硬的棕榈果和其他种子。通体深灰色，头部为黑色，喙非常大。羽冠长达15厘米，在警觉或兴奋时会立起来。栖息在低海拔的潮湿森林中。夫妻终生相伴，数对鹦鹉集群觅食。

体长： 51～64厘米　**体重：** 550～1000克

13. 巨果鸠（*Ptilinopus magnificus*）

巨果鸠的羽毛色彩丰富，雌鸟和雄鸟体形相似。背部和翅膀为绿色，肩部是明亮的黄色，喉部、胸部和腹部是紫色，下腹部为黄色，头部为浅灰色。这种鸟生活在森林中，在各领地之间来回觅食。以各种树木的果实为食。在树上筑巢，它们的巢用树枝搭建，非常坚固。雌鸟每次仅产1颗蛋，夫妻共同孵蛋和育雏。

体长： 35～45厘米　**体重：** 250～470克

喙为橙红色，尖端为黄色，眼睛为橙红色，脚爪为浅灰色。

喙为橙红色，眼睛为橙色，眼圈为灰色，脚爪为黄粉色。

喙为珊瑚红色，眼睛为黑色，脚爪为浅灰色。

14. 巴布亚鹦鹉（*Charmosyna papou*）

巴布亚鹦鹉是中型鹦鹉，尾部又长又细。头顶、上背部、胸部、腹部、臀部和尾下覆羽皆为鲜红色，下背部和翅膀为绿色，下腹部为黑色，尾部一半绿色、一半黄色。头顶有一处天蓝色斑点，一条黑色条纹横穿枕部，并与双眼相连。巴布亚鹦鹉遍布新几内亚岛，主要生活在山林中，成对或集小群移动并觅食，喜食果实、植物嫩芽和富含花蜜的鲜花。

体长： 36～42厘米
体重： 74～113克

15. 普通仙翡翠（*Tanysiptera galatea*）

普通仙翡翠的特点在于尾部又细又长的两根中央尾羽，细长处为蓝色，末端为纯白色且展开呈椭圆形。下体为纯白色，上体为深蓝色。臀部为白色，头顶和肩部都是明亮的天蓝色，尾部为白色。普通仙翡翠栖息在潮湿的森林中，且不太靠近水源处。它们以地面的昆虫、蜗牛、蚯蚓和其他无脊椎动物为食。有时会在水源附近的树枝上伺机捕食鱼虾等，伫立时头部几乎不动。

体长： 33～43厘米（含尾部）　**体重：** 55～69克

16. 单垂鹤鸵 (*Casuarius unappendiculatus*)

单垂鹤鸵是巨大而强壮的鸟类，不具备飞行能力。其种加词中的"*unappendiculatus*"意为"从颈部垂下的肉垂"，单垂鹤鸵只有一个肉垂，而生活在澳大利亚的双垂鹤鸵有两个肉垂。这种鸟的覆羽浓密而坚硬。腿部十分强壮，有3根脚趾，最内侧的脚趾长有匕首一样的利爪。雌鸟体形略大，雌鸟在雄鸟建造的巢中产蛋后便会离开，由雄鸟负责孵蛋和育雏的工作。单垂鹤鸵栖息在低地森林中，主要以种子和小动物为食。

体长: 120～150厘米　**体重:** 雄鸟30～37千克，雌鸟50～60千克

头部无覆羽，呈天蓝色；颈部裸露，呈橙黄色，带肉垂；头顶有角质盔。

喙为红色，眼睛为鲜红色，脚爪为黄色。

17. 雉鸠（*Otidiphaps nobilis*）

雉鸠的体形和习性与野鸡相似，但头小如鸽。羽毛明亮且带虹彩光泽，头部、下体和尾部皆为深蓝色，胸部和臀部呈紫色，背部和飞羽为紫红色。头顶有一束靠后的簇羽，颈部有一处带虹彩光泽的蓝绿色斑点。雉鸠是胆小的独居鸟类，栖息在浓密的热带雨林中，以种子和水果为食。

体长：42～50厘米　**体重**：500克

18. 绿胸八色鸫（*Pitta sordida*）

绿胸八色鸫是体形较小的鸟类，身体圆胖，喙坚硬。头部黑亮，头顶为栗色，身体以鲜绿色为主。下腹部和尾下覆羽为红色，臀部和尾羽是亮蓝色，初级飞羽上有一条天蓝色翼斑。这种鸟喜欢独居生活，只在繁殖期结伴，栖息在热带雨林密集的灌木丛中，主要以蚯蚓和蜗牛为食。

体长：16～19厘米　**体重**：42～80.4克

喙为浅黑色、尖端为黄色，眼睛为棕色，眼圈为红色。

19. 蓝凤冠鸠（*Goura cristata*）

蓝凤冠鸠是生活在巴布亚新几内亚西部地区的大型鸠鸽，头顶有一簇由柔软细羽组成的扇状羽冠。羽毛整体为灰蓝色，飞羽和背部中央呈棕紫色。尾羽末端颜色较浅，棕色翅膀上有一处白斑，羽冠为灰蓝色，颜色略浅于其他羽毛。蓝凤冠鸠栖息在潮湿的低地森林中，主要以掉落的果实为食。用植物的茎、棕榈叶和树枝筑巢，每次只产1颗蛋，夫妻轮流孵化和育雏。

体长：66～75厘米　**体重**：1800～2400克

喙为灰色，眼睛为红色，眼周的皮肤裸露、呈深蓝灰色，羽冠大而蓬松。

澳大利亚的鸟类

大洋洲

澳大利亚是世界第六大的国家，国土面积约760万平方千米，人口只有2500万。澳大利亚的面积是意大利的25倍，人口却不到意大利的一半（意大利约有6000万人口）。澳大利亚只有6%的土地是耕地，绝大部分居民聚集在气候宜人的大城市和东南沿海地区。其余的土地大多干旱，沙漠旁是草原，有多刺的灌木和耐旱的树木，如桉树和金合欢树。只有东北沿海地区分布着茂密的森林和灌木丛，以及沿海沼泽和红树林。

澳大利亚最出名的是有袋动物组成的特殊陆地动物群，如考拉、袋鼠，以及世界上仅存的两类卵生哺乳动物——鸭嘴兽和针鼹。说到鸟类，澳大利亚大陆上有830种鸟类，加上周围小岛的鸟类，总数将近900种。这些鸟包括海鸟，如澳洲鹈鹕；沼泽和内陆水域的典型鸟类，如黑天鹅；干草原和森林鸟类，特别是55种生活在澳大利亚的鹦鹉，其中有14种凤头鹦鹉（左图为彩冠凤头鹦鹉）。其他典型鸟类还有小蓝企鹅——企鹅家族中最小的一种，它们在澳大利亚南部海岸繁衍生息；灌丛塚雉，它们会用石子和落叶在地面堆出巢穴，并在那里产蛋，再依靠阳光和树叶腐化产生的热量将蛋"孵化出来"；美丽的华丽琴鸟，不仅可以模仿其他鸟类的歌声，还可以模仿各种声音，从犬吠到汽车的喇叭声再到电话铃声，不一而足。

1. 黑天鹅（*Cygnus atratus*）

黑天鹅是一种大型游禽，羽毛几乎全黑，只有初级飞羽是白色，且在翅膀展开时才能被看到。颈部细而长，翼展可达 200 厘米。黑天鹅经常光顾沼泽、湖泊和咸水潟湖，觅食包括青草和其他水生植物在内的食物。夫妻一生相伴。黑天鹅的巢筑在浅水区或小岛上，由芦苇和沼泽植被编织而成，直径可达 1.5 米。夫妻共同孵蛋和育雏。

体长： 110 ~ 140 厘米

体重： 雄鸟 3800 ~ 8750 克，雌鸟 3700 ~ 7200 克

喙、额甲、眼睛和脚爪皆为红色。

喙为红色、带白边，眼睛为红色，脚爪为黑色，趾间带蹼。

2. 澳洲紫水鸡（*Porphyrio melanotus*）

澳洲紫水鸡是一种体形庞大的涉禽，双腿长而结实，长脚趾有利于抓住芦苇并敏捷地移动。头顶、背部、翅膀和尾部皆为黑色，下体为蓝紫色，尾下覆羽为白色。三角形的喙十分坚硬，上面覆盖着盾牌状额甲，如同腿一样都是红色。栖息在植被和芦苇茂盛的淡水和咸水沼泽中。主要以水生植物的叶子、芽、根、花等为食，也吃贝类、昆虫和蝌蚪。

体长： 38 ~ 50 厘米　**体重：** 雄鸟 1090 克，雌鸟 880 克

3. 小蓝企鹅（*Eudyptula minor*）

小蓝企鹅是一种生活在澳大利亚南部海岸和沿海小岛上的小型企鹅，栖息在岩石之间的洞穴或沙丘灌木丛底下挖掘的隧道中。上体为深灰蓝色，下体为白色，翅膀后部边缘也为白色。小蓝企鹅会在清晨离开栖息地，去海中捕食小鱼和甲壳类动物，并在日落时成群结队地返回岸上。

体长： 32 ~ 34 厘米　**体重：** 500 ~ 2100 克

喙为灰黑色，眼睛为浅灰色或榛子色，脚爪为粉红色，趾间带蹼，趾甲为黑色。

4. 红尾鹲（*Phaethon rubricauda*）

红尾鹲是一种体格健壮的海鸟，几乎通体雪白，有两根细长的红色中央尾羽。一块黑色面斑从喙基部穿过眼睛，再延伸至耳羽处。红尾鹲是动作敏捷的飞行员，较短的腿部不利于其在地面上行走。这种鸟以鱼类和贝类为食，时而从高处俯冲入水中捕食，时而抓捕跃出水面的飞鱼。栖息在岩石斜坡和海滩上，在地面凹陷处筑巢，每次只产 1 颗蛋，孵化期为 6 周。

体长：90～107 厘米（包括 45～56 厘米的尾部）　**体重**：700 克

> 喙为红色，靠近鼻孔处有黑斑，眼睛为深棕色，腿为浅紫色，脚爪为黑色。

107 厘米

180 厘米

> 喙为浅黄色（繁殖期为橙红色），眼圈为黄色，喉囊巨大。

5. 澳洲鹈鹕
（*Pelecanus conspicillatus*）

澳洲鹈鹕是大型涉禽，喙下裸露的皮肤形成喉囊，有利于捕食时兜住鱼类。羽毛为黑白色：尾羽、初级飞羽、背羽和肩羽皆为黑色，身体的中间部分都是白色。浅黄色的喙长达 50 厘米（在所有鸟类中堪称之最），繁殖期时变为橙红色，喉囊颜色也随之变深。澳洲鹈鹕尽管体重不轻，却是飞行的好手，翼展可达 250 厘米。以大鱼为食，捕食时会将头部扎入水中，或从高处俯冲入水中。

体长：160～180 厘米　**体重**：4600～8000 克

6. 葵花鹦鹉 (*Cacatua galerita*)

喙极为强壮、呈黑色，眼睛为深棕色，脚爪为灰色，羽冠为柠檬黄色。

葵花鹦鹉是一种大型的白色鹦鹉，头顶有巨大的柠檬黄色羽冠，可以竖起或放下。翅膀和尾羽均为柠檬黄色。雄鸟和雌鸟外观相似。这种鹦鹉喜欢待在树上，也经常到地面觅食，主要以水果和种子为食，包括那些带有木质外壳的果实，有时还吃玉米和小麦。葵花鹦鹉的喙非常坚硬，能咬开极硬的果壳。这种鸟十分活跃，经常叫个不停，或者啃树枝、咬其他硬物。

体长：45～55厘米　　**体重**：815～975克

7. 彩冠凤头鹦鹉 (*Lophochroa leadbeateri*)

喙为灰色，眼睛为黑色（雌鸟的眼睛为红棕色），眼圈为白色，脚爪为浅灰色。

彩冠凤头鹦鹉是中型鹦鹉，羽毛大部分为白色，翅膀和背部为粉红色，头部、颈部和胸部为深粉色。头顶的大羽冠十分醒目，羽冠立起时会露出红黄相间的横纹。雄鸟和雌鸟体形相似，不同处在于雌鸟的眼睛呈红棕色，雄鸟的眼睛则是黑色。这种鹦鹉生活在澳大利亚中部的半沙漠地区，以植物的种子、果实、块茎、芽、花，以及昆虫和昆虫的幼虫为食。

体长：33～40厘米　　**体重**：360～480克

喙为蜡白色，眼睛为棕黑色（雌鸟的眼睛为砖红色），眼圈为粉红色，脚爪为灰色。

8. 粉红凤头鹦鹉（*Eolophus roseicapilla*）

粉红凤头鹦鹉是中型鹦鹉，羽毛为灰色和粉红色。背部为浅灰色，与肩羽同色，而飞羽和尾羽则为深灰色。头部和下体为粉红色。头上有短而宽的浅粉色羽冠，可以抬高或放下。粉红凤头鹦鹉是大洋洲分布最广的鹦鹉之一，几乎遍布整个大陆。它们在树上筑巢，也出现在许多城市的公园和花园中。主要以种子为食，包括葵花子和谷物，经常出没于田间，农民深受其扰。

体长：35～36厘米　**体重**：雄鸟345克，雌鸟311克

喙为灰色，眼睛为黑色，脚爪为灰色。

9. 红冠灰凤头鹦鹉（*Callocephalon fimbriatum*）

红冠灰凤头鹦鹉是中型鹦鹉。雌鸟和雄鸟都是烟灰色，且羽毛边缘颜色较浅，特别是颈部和翅膀上的羽毛会呈现出独特的鳞片状外观。雄鸟的头部包括脸颊和喉部皆为猩红色，并有流苏状的羽冠。雌鸟头部和羽冠都为灰色。这种鹦鹉生活在山林中，冬季垂直迁徙到低海拔处。以种子和果实为食，与其他鹦鹉一样，它们的嘴总是动个不停，喜欢敲击并啃食硬物。一夫一妻制，在树洞中筑巢。

体长：32～37厘米　**体重**：280克

喙为白色，眼睛为棕色，脚爪为灰色。

10. 澳东玫瑰鹦鹉（*Platycercus eximius*）

澳东玫瑰鹦鹉是生活在澳大利亚的几种玫瑰鹦鹉之一，白色的脸颊和鲜红色的头部、颈部及胸部上方形成鲜明的对比。下体其余部分为黄色，下腹部由黄变绿。背部羽毛呈黑色镶黄边，形成鳞片状外观。臀部为绿色，尾下覆羽为红色，翅膀为蓝色，绿色的尾羽又窄又长，侧尾羽为蓝色。这种鹦鹉分布在澳大利亚东南部的桉树林、公园及花园里，主要以种子和嫩芽为食。

体长：30厘米　**体重**：90～120克

11. 华丽琴鸟（*Menura novaehollandiae*）

华丽琴鸟因其雄鸟华丽的尾羽而得名，雄鸟共有 16 根尾羽：12 根白色尾羽呈细长的丝状，2 根灰色中央尾羽又长又细，最外侧 2 根尾羽卷曲成 S 形，外观酷似竖琴。上体为红棕色，下体为灰棕色。在求爱季节，雄鸟弯曲腿部，向前竖起尾羽，并不断抖动，它们对着雌鸟不停地跳着美妙的舞蹈，同时放声歌唱，发出变化多端的鸣叫，还会模仿多种声音。

体长： 雄鸟85～103厘米，雌鸟76～80厘米
体重： 雄鸟1100克，雌鸟890克

喙黑且弯；眼睛为黑色；脚爪为棕色，非常强壮。

12. 华丽细尾鹩莺（*Malurus cyaneus*）

华丽细尾鹩莺是长尾雀形目中的小型鸟类，尾部经常垂直抬起。雄鸟羽毛非常艳丽，额头、头顶、脸颊和上背部都是亮蓝色，眼睛旁边有面具一样的黑斑，颈部和背部呈黑色，喉部和胸部为蓝黑色，下体为浅灰色，翅膀为砖红色，尾羽为蓝色。雌鸟为灰褐色，下体颜色略浅。华丽细尾鹩莺是非常活跃的小鸟，分布广泛，从密布灌木的森林到花园皆有其踪迹。它们主要以昆虫为食，也吃种子。

体长： 15～20厘米 **体重：** 9～14克

喙细而尖、呈黑色，眼睛为黑色，脚爪为黑色。

11 103厘米

12 20厘米

13. 茶色蟆口鸱（*Podargus strigoides*）

茶色蟆口鸱是夜行鸟类，有着极具保护色的羽毛和类似青蛙的大嘴，因此才以"蟆口"为其命名。茶色蟆口鸱有一身浅棕色或浅灰色羽毛，下体颜色较浅，并带有棕色或黑色斑点和细条纹。它们白天闭着眼睛一动不动，仿佛一截干枯的树枝，到了黄昏才开始活动，捕食蝴蝶、大型昆虫、蜘蛛、蝎子和蜗牛。

体长： 34～55厘米　**体重：** 200～680克

> 喙短且宽、呈灰棕色，眼睛为黄色或橙色，腿非常短，脚爪呈浅灰色。

14. 灌丛冢雉（*Alectura lathami*）

灌丛冢雉虽然与火鸡没有亲缘关系，但其体形和扇形尾部却和火鸡有一定的相似之处。羽毛为黑棕色，内侧为白色，头部和颈部无毛、裸露的皮肤呈红色。颈部下方有一圈裸露的黄色皮肤，雄鸟这里的皮肤更大更软。夫妻终身相伴，雌鸟在沙土和腐烂的叶子中产蛋。它们利用阳光和树叶腐化过程中产生的热量使鸟巢里的温度升高，从而自然而然地孵化鸟蛋，雄鸟用喙移出或加入树叶以保持鸟巢的温度恒定。

体长： 60～70厘米　**体重：** 雄鸟2120～2950克，雌鸟1980～2510克

> 喙为黑色，头部的皮肤裸露、呈红色，颈部裸露的黄色皮肤形成项圈，脚爪为棕色。

作者简介

[意] 切萨雷·德拉皮耶塔

充满热情的鸟类学家和摄影师，毕业于古典文学专业，1985 年开始从教，有多年教学经验，之后致力于自然科学的传播。曾在月刊《水、森林和白鹭》编辑部工作 18 年，先后担任第一助理主任、科学顾问和首席编辑职务。长期从事科普写作，写作并翻译数本自然、环境和动物书籍。他是多个自然协会的成员，经常受邀担任各种鸟类相关会议及课程的主讲。其著作有《带翅膀的花园》《房屋周围吸引鸟类的巢穴、食物和水》《那些夜晚》《猫头鹰和鸮》《山地鸟类：形态、运动和栖息地》等。

绘者简介

[越] 源希希

专注于大自然的越南艺术家、插画家和设计师。她为世界多个儿童读物绘制插画，并在许多重要杂志和出版物上发表具有启发性、画工精美的作品。跻身东南亚最佳自然绘画设计者之列，曾参与许多自然插画展览，并获得多个奖项。她也是《自然秘境大图鉴：海洋世界》的绘者。

生僻字注音（按拼音字母次序排列）

䲳（chéng）	翎颔䴔（líng hé bǎo）
鸱（chī）	鸬鹚（lú cí）
鹗（è）	鹛（méi）
鸻（héng）	鹲（méng）
鹱（hù）	貘（mò）
鹮（huán）	䴙䴘（pì tī）
矶鸫（jī dōng）	鸲（qú）
鹡（jí）	鸤（shī）
鹣（jiān）	隼（sǔn）
鸠（jiū）	鹟（wēng）
鹫（jiù）	鹀（wú）
鹬（jú）	潟（xì）
颏（kē）	鸸（xiá）
椋（liáng）	鹇（xián）
鹩（liáo）	鸮（xiāo）
鴷（liè）	鹬（yù）
鬣（liè）	鹧鸪（zhè gū）

版权登记号：01-2020-6863

图书在版编目（CIP）数据

鸟类王国 /（意）切萨雷·德拉皮耶塔著；（越）源希希绘；申倩译. -- 北京：现代出版社，2021.3
（自然秘境大图鉴）
ISBN 978-7-5143-8940-1

Ⅰ. ①鸟… Ⅱ. ①切… ②源… ③申… Ⅲ. ①鸟类—儿童读物 Ⅳ. ①Q959.7-49

中国版本图书馆CIP数据核字（2020）第235782号

Original title: Uccelli del mondo
Text: CESARE DELLA PIETÀ
Illustrator: SHISHI NGUYEN

© Copyright 2019 Snake SA, Switzerland—World Rights
Published by Snake SA, Switzerland with the brand NuiNui
© Copyright of this edition: Modern Press Co., Ltd.
本书中文简体版专有出版权经由中华版权代理总公司授予现代出版社有限公司

自然秘境大图鉴：鸟类王国

作 者	[意] 切萨雷·德拉皮耶塔	网 址	www.1980xd.com
绘 者	[越] 源希希	电子邮箱	xiandai@vip.sina.com
译 者	申 倩	印 刷	北京瑞禾彩色印刷有限公司
责任编辑	王 倩 滕 明	开 本	710mm×1000mm 1/8
封面设计	刘 璐	字 数	180千字
出版发行	现代出版社	印 张	21.5
通信地址	北京市安定门外安华里504号	版 次	2021年3月第1版 2021年3月第1次印刷
邮政编码	100011	书 号	ISBN 978-7-5143-8940-1
电 话	010-64267325 64245264（传真）	定 价	108.00元

版权所有，翻印必究；未经许可，不得转载